李瑞波　陈其发　编著

农业物质循环
新技术

化学工业出版社

· 北京 ·

内 容 提 要

本书以笔者多年大量实践经验为基础，以"碳思维"和有机碳肥理论为工具，详尽地介绍了农业生产、生活中固液有机废弃物的种类、形态、内含物的特点，重点介绍了其"碳转化"为植物有机营养和肥料的工艺方法及实际应用案例，对推动农业物质循环和城乡生态环境的持续改善有现实的指导作用。

本书适用于政府农业和环保部门行政管理人员、农业企业的管理人员及技术人员，还可供相关专业的大专院校师生阅读。

图书在版编目（CIP）数据

农业物质循环新技术/李瑞波，陈其发编著. —北京：
化学工业出版社，2020.7
ISBN 978-7-122-36893-5

Ⅰ.①农…　Ⅱ.①李…　②陈…　Ⅲ.①生态农业
Ⅳ.①S-0

中国版本图书馆 CIP 数据核字（2020）第 081490 号

责任编辑：冉海滢　刘　军　　　　　　　装帧设计：关　飞
责任校对：张雨彤

出版发行：化学工业出版社（北京市东城区青年湖南街 13 号　邮政编码 100011）
印　　装：大厂聚鑫印刷有限责任公司
710mm×1000mm　1/16　印张 9¾　字数 135 千字　2020 年 8 月北京第 1 版第 1 次印刷

购书咨询：010-64518888　　售后服务：010-64518899
网　　址：http://www.cip.com.cn
凡购买本书，如有缺损质量问题，本社销售中心负责调换。

定　　价：60.00 元

前 言

　　十余年来，由于多部关于生物腐植酸和有机碳肥的著作的发行，让笔者与大量读者尤其是农业从业者建立起广泛的联系。笔者得到了他们的许多帮助，不断拓展视野，加深了对土壤、肥料、农业生态等领域的认识。近几年笔者感觉到许多农业从业者在把目光投向有机废弃物的循环利用，于是有意识收集研究多年来在有机废弃物肥料化方面的资料和经验，有计划有系统地一个专题一个专题地考察、试验、创建中试样板，直至指导养殖场和肥料厂应用创新解决方案。这就有了编写本书的基础。

　　现在，国家已经把农业物质循环提升到农业战略的高度，实际上也就是重新检视往昔对农业有机废弃物"处理—达标—排放"的处理方针。这一方针指导下对有机废弃物处理的主流技术，显然带来了一些不利影响：大量可以用来沃土肥田的有机物质被当作废物处理掉了，而亿万亩农田却饥渴难耐，得不到有机养分的滋养，耕地土壤贫瘠化的势头还在继续，对我国农业现代化至关重要的土肥基础没能建立起来。

　　如何建立农业现代化的土肥基础？最科学、最合理、最经济的途径就是农业物质循环，而且这种循环的主流技术应该是固液有机废弃物的肥料化。

　　从有机废弃物到肥料，这里有一个转化环节。大量事实证明：这种转化必须建立在对肥料，尤其是对植物有机营养有深刻的科学认识的基础上，否则我们可能重复旧式有机农业粗放和低效的转化模式，或者可能盲目循环而造成更大规模的有机污染。

为了让读者对有机废弃物的转化环节有一个简明而形象的认识，在此采用"反推法"，从最终目标反推过程，以梳理出其中的规律性和关键点：

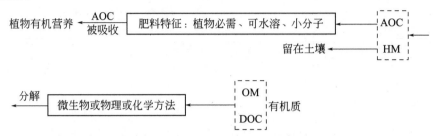

其中，OM 为有机质；DOC 为溶解有机碳，本书中释义为水溶大分子有机碳；HM 为腐殖质；AOC 为可生物同化有机碳，本书中释义为水溶小分子有机碳。

可见有机废弃物肥料化的本质就是促使不适合作肥料的有机大分子的分解和转化：由 OM＋DOC 分解为 HM＋AOC，关键点就是碳形态的转化，简称"碳转化"。

本书主要内容就是对各类比较典型的固液有机废弃物在"碳转化"中寻求最经济合理的处置工艺技术，同时还涉及多类型综合的、区域性的解决方案，希望对读者有启迪和借鉴作用。

将农业物质循环尤其是有机废弃物肥料化的转化作业逐步升级到工业化、规范化、常态化和普及化，就能从根本上创建农业现代化的厚实的土肥基础，并将对农业生态建设和乡村振兴产生巨大推动作用，这是功在当代、利及千秋的伟业，望本书能为从事这一伟业的千千万万实践者助一臂之力。

最后谨对这几年来配合笔者研究团队做了大量试验，提供许多信息、素材和样品的朋友们致以深切的谢意！

2020 年 3 月

目 录

第 3 章　如何制造经济高效的有机肥 / 027

第4章 秸秆还田和有机垃圾简易堆肥技术 / 051

第5章 有机废水和粪污的肥料化技术 / 064

第6章 种养结合 / 106

第7章 固液有机废弃物资源化利用的区域整体推进 / 115

第 **1** 章

绪 论

1.1 地球碳循环与土壤

有机质是由碳链或碳环结构与其他多种元素相结合而成的。碳在有机质中占据重要地位，而有机体的生命过程还要消耗碳（呼吸），可见碳元素是生命的基础。

所以从生命的视角来看全球的物质循环，最重要的莫过于碳循环了。

那碳循环是怎么进行的呢？这里介绍美国学者尼尔·布雷迪和雷·韦尔的著作《土壤学与生活》中一张全球碳循环图[1]，如图 1-1 所示。图中方框中数据表示碳储存量（单位为 10 亿吨），箭头旁数据表示库之间每年的碳通量（单位为 10 亿吨/年）。

从图 1-1 可见：土壤中所包含的碳几乎是植被和大气所含碳之和的两倍，而大气中的碳约有 14.5％被植被吸收，其中的一半多通过植被循环到土壤。土壤中的碳又有相近的量转化循环到大气中。注意：这里有两个问题，一是植被的碳如何进入土壤？就是通过植物的残体。二是

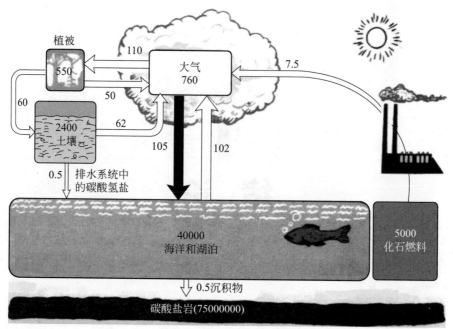

图 1-1　全球碳循环示意图

土壤中的碳如何进入大气？就是土壤有机质中的有机营养被植物吸收后，其中一部分碳以 CO_2 的形式排入大气，还有土壤中的微生物群系的活动产生的 CO_2 进入大气。

土壤孕育万物，承载文明；土壤又是全球碳循环中的重要一环，它起着"碳库"和碳形态转化的反应器的作用。从这个意义上讲，土壤就是个生命体。如果这个生命体是健康的，全球碳循环在土壤这个环节就畅通；如果土壤不健康了，全球碳循环就不畅通了。地球温室效应之所以越来越严重，除了人类对化石能源过量使用破坏了全球碳循环的平衡外，大量土壤不健康（退化）降低了土壤的储碳能力也是一大因素。

1.2　土壤中的碳形态

土壤中的碳，少量是以 CO_2 形式存在，而大量的是以有机质的形式存在。但有机质是个极复杂的概念，各种形态的有机质量化性质差异很大。一般土壤中有机质可分为以下几大类：

（1）新鲜的木质纤维素物质　例如新鲜秸秆、落叶、根茎等，这些物质在土壤中属于"杂物"，是妨碍土壤耕作的。但如加以收集和加工，就可以转化为以下物质。

（2）腐殖质（HM）　它是植物（或动物）遗体经微生物分解后留下的残体同死亡微生物残体的混合物，一般不溶于水，不会被植物吸收。但它对改善土壤的物理结构作用很大，可增强土壤持水性，同时它又是各种矿物质养分的"庇护所"，使之免于被冲淋散失，可以提高化学肥料利用率；它也是土壤"黑色素"，有利于吸收阳光提高地温，增加微生物群系的能量补给。固体有机肥料中的有机质大部分属于此类。

（3）腐植酸（HA）　是一种与水不能混溶的液状物，一般是由腐熟不透或未经科学加工的固体或液体有机肥料带来的。这种物质很稀薄地出现在土壤中，一般不会带来明显危害，而经较长时间的生物化学作用它会分解为小分子水溶物而被植物吸收掉，显示出一定的有机肥效。但是如果土壤中此物质含量较大，或幼苗直接接触到，就有危害了。

（4）大分子有机水溶物　其所含有机碳表示为DOC，例如未经适当加工的有机废水的浓缩液，或者这种浓缩液的喷雾干燥粉，或者沼液、垃圾渗滤液等都属于此类。少量施用或兑水倍数很大，一般可显示出有机肥效，但重复使用或高浓度使用，就会影响作物正常生长并给土壤带来长时间的缺氧。这是一种对土壤和农作物有害的碳形态。

（5）小分子有机水溶物　以其中的碳标示，称为生物可利用碳（AOC），是DOC物质经化学裂解或生物分解而得。科学堆制的优质有机肥中，也含有2%左右这种物质。这种物质水溶性极佳，易被植物直接吸收利用，是一种高效、速效的有机养分。同时它又是土壤微生物可直接利用的能源，能在短时间内促使微生物大量繁殖，使板结土壤团粒化，具有良好的通气性。

综上所述，碳以适当形态存在于土壤中，对土壤三大肥力（物理肥力、化学肥力、生物肥力）都产生重要的促进作用，碳就是土壤肥力的核心物质。具体可以形象地用图1-2来表达。

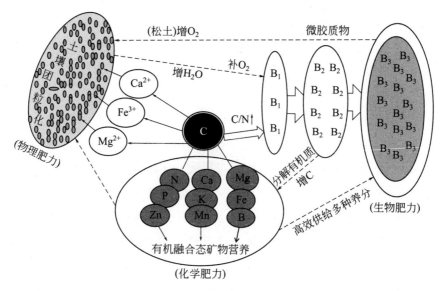

图 1-2　土壤三种肥力与碳的关系

1.3　植物的五大运行机制与碳

1.3.1　光合转化机制（"生产力三要素"说）

绝大部分植物是自养体：靠自身的光合作用把 CO_2 变成糖，即碳养分和碳能，再以此为基础物质维持自身新陈代谢所需的能源，并和其他营养物质结合转化为植物细胞组织。因此植物的光合作用既是植物"立命之本"，也是农作物产量的物质基础。植物光合作用效率取决于三个要素：

(1) **植物环境中二氧化碳的浓度**　空气中二氧化碳取之不绝，但这对植物来说并不意味着"够用"。大量实践表明：在正常光照条件下植物环境中二氧化碳浓度为 700～1000mg/L，植物光合作用效率最佳，而通常环境二氧化碳浓度约为 $390mg/L$，可见农作物一般都没能发挥最高生产能力。这是原材料不足。

(2) **光照** 为什么新疆的葡萄和哈密瓜特别甜？因为新疆产区在夏天和初秋时节，日照时间长且几乎都是旱季，农作物接受光照多、积累的能量足，加上昼夜温差大、降温快，使农作物在夜间有一段"假休眠"时间，减少了能量损耗，使瓜果碳积累丰富，含糖量高。但并不是所有农作物一直都能沐浴在温暖的阳光下，阴雨雾霾、昼短夜长、塑料大棚透光性差等都使农作物经常处于无法正常进行光合作用的状态。这是能源短缺。

(3) **叶绿素** 叶薄失绿，植物叶绿素不饱满不充盈，使其光合转化功能大打折扣，植物的碳积累达不到该物种应有的水平，反映到结果就是产量低。这是制造机器效能低。

二氧化碳、光照和叶绿素，构成植物生产力三要素：原材料、能源和机器。三要素状态差，植物碳积累就不足，这就是"碳饥饿"。植物长时间碳饥饿就会得缺碳病，严重减产。

1.3.2 营养液循环机制（"上下心房"说）

植物作为生命体，它的体液循环与它的呼吸维系着它的生命和生命过程。

植物的体液循环是由什么驱动的呢？研究表明：植物叶片吸收 CO_2 经叶绿素光合转化，成为碳水化合物，这些能源和营养物质的水溶液通过植物的韧皮部向植物各部分"营养库"器官分配，其中一部分直达根部。而植物根系吸收的营养液又由植物茎干中的微毛细管上升，分配到植物各部分"营养库"。这就形成一个筒状输送和循环系统：筒壁的物质向下，筒体内的物质向上，但上下体液的内含物是有很大差别的。维系这种循环的驱动力就是植物冠部的大量叶片和地下部分庞大的根系：叶片的水分蒸腾对植物茎干微毛细管的体液产生吸力，体液经微毛细管向上爬升；植物根系和根际微生物需要消耗大量的碳能和碳养分，碳水化合物沿韧皮部向下输送被吸收利用。这就形成了植物"心脏"的"上下心房"，其"上吸下拉"便形成植物体液的内升外降的循环，一如动物体的动脉血和静脉血循环。

所以把植物营养液循环机制形象地称为"上下心房说"。试想一株植物因外来因素突然失去了大部分叶片或大部分根系，或者韧皮被破坏了，它会怎样呢？它的循环"驱动力"大大减弱了，它体液的循环也就大大减少了，这时该植株便进入新陈代谢衰竭状态，如果这种衰竭严重或延续时间长，植株便会死亡。

根、叶之间除了形成循环，双方还互为营养的供体，相互制约或相互促进。这就是"根冠平衡"规律。

1.3.3 碳养分双通道机制（"四两拨千斤"说）

植物通过叶片吸收 CO_2 经叶绿素转化得到小分子糖，也就是有机碳养分。这是植物碳来源的主（要）通道。

土壤中多种形态有机质经微生物和土壤化学的作用，也会逐渐释放小分子有机碳。这种小分子有机碳富含官能团，水溶性极好，易被植物根系吸收，被微生物利用，不需耗能。经科学加工的有机肥产品也包含这种水溶小分子有机碳，称为"生物可利用碳"，又称"有效碳 AOC"。这就是植物碳来源的"第二通道"。

大量应用实验证实："第二通道"的有效碳对"主通道"的效率起着明显的促进作用。有机质丰富的肥沃土壤或贫瘠的土壤施入适量"有效碳"，都会使农作物根深叶茂，产量大增。其作用原理如图 1-3 所示。

图 1-3 中，有效碳直接作用于三种物质：对植物根系，促进根系发达；对土壤微生物，促其快速大量繁殖；对无机养分，使其有机态化更易被吸收。由此土壤"消化系统"内的物质发生一系列变化，使农作物的肥水供应更充足更丰富，植物叶片变宽变厚，叶绿素丰盈，光合转化效率大大提高，农作物的碳积累明显提升。曾有试验案例：往每亩（1亩 $\approx 666.7\text{m}^2$）菜地加施 3kg 液态有机碳（AOC 含量 0.4kg），蔬菜地面部分每亩增产 980kg。这个典型案例充分说明：叶片光合转化是植物碳来源的主通道，而有效碳不但被根系吸收，还引发土壤诸因子连锁反

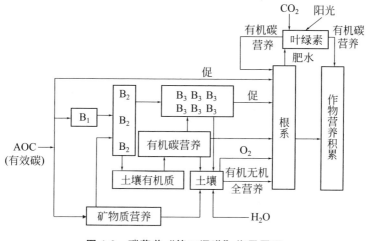

图 1-3　碳营养"第二通道"作用原理

应，促进叶片壮大，光合转化效率大大提高，提高了主通道生产效率，对主通道起着"四两拨千斤"的作用。

1.3.4　按既定比例组装机制（"上帝微手术"说）

多种营养元素在植物体内经过极其复杂的生物化学反应过程，严格地根据既定规则和一定比例，遵循设定结构形成植物组织。这里似乎存在一个严格受物种 DNA 控制的"上帝之手"，对进入植物体内一切物质进行"微手术"式的检测筛选，并按规则排列组合，将这些物质转化成以碳为主体的植物细胞新组织，统称为有机质，实际上就是以碳框架按既定比例组装其他各种必需元素。而那些"既定比例"之外的无机离子就积存在植物的胞外液中，且浓度不断升高，这必然对后续进入植物体的同类元素营养物质产生排斥。因此当无机营养元素不平衡，有机碳养分稀缺时，化肥利用率就特别低。

有机碳与无机养分"按既定比例"的植物营养吸收利用规律，形象地说就是"阴阳平衡"，是提高化肥利用率的大原则、铁定律。但多年来植物营养专家们专注化肥养分的平衡，其代表性的理论就是"木桶法则"或"短板决定论"，在这些理论中是把碳养分设定为来自二氧化碳的光合转化，而二氧化碳是取之不竭的。这种认识就偏离了"阴阳平衡"规律，不能从根本上解决化肥利用率低的问题。漠视碳，无视植物碳养分来源的双通道，这就导致上述有机碳养分与无机养分"按既定比例"的规律不能充分发挥作用，"上帝之手"运作不正常。

1.3.5 根际微生态共生机制（"碳交易市场"说）

大量研究成果证明，植物根系与土壤微生物在根际间交汇，构建了一个物质流、能量流、信息流的"小社会"，这就是根际微生态系统。

在这个微生态系统中有两种基础物质：一种是菌根，它是菌与根的共生体，是菌与根物质交流的最旺点；另一种是根际沉积，它是根系分泌物、脱落物和微生物死亡个体以及来自土壤的营养物质的混合物，是植物、土壤、微生物三者互相联系的纽带。

在这个微生态系统中，维系其生命活动的能量是碳。在该系统运行的物质流中，主要物质是小分子有机碳一大类物质。该系统中最重要的生命活动是根系的生长和呼吸以及微生物的繁殖。根系自身的构建需要碳，根系呼吸要消耗大量的碳，土壤中的无机离子在此"纽带"中与小分子有机碳融合成有机态被吸收也带走碳。微生物繁殖需要碳积累，而微生物生命活动新陈代谢需要燃烧（氧化）碳以维持能量的平衡。

植物正常生长中光合作用形成的碳养分不足以满足这个系统运行的需要，植物必须通过根系从土壤中吸取水溶小分子有机碳，这部分碳与无机营养液一起，以有机态通过上述"纽带"进入根系，再由植物茎秆微毛细纤维上升进入植物各部位。可见在根际微生态系统中，碳循环是其他一切物质循环、能量流动和信息传递的基础。形象地说，根际微生态系统就是一个"交易市场"，而碳就是这个交易市场中的"通货"。

从动态的视角看，要保持交易市场繁荣稳定、要促进市场的发展，碳的源源不断地补充是必要的，这就要依赖植物碳源双通道的高效率工作了。

1.4　何谓"碳掠夺"?

　　农作物吸收土壤中营养元素的能力，以及被吸收的营养元素之间的比例关系，都最终取决于"利用"。理论上讲，某种植物各类不同器官的有效物质积累中，各种必需元素之间的比例是一定的，多余出来的那种元素进不了该器官的细胞组织，只能游离于胞外液中。而按比例"组装"时缺少了某种营养元素，这种元素就成了制约该器官发育的"短板"。这就是肥料养分平衡原则的理论根据。

　　植物是有机体，它只能吸收利用有机营养，也即没有了小分子的"碳架"（链状或环状），其他营养元素处于"皮之不存，毛将焉附"的状态，是不可能被吸收利用为植物的有效物质的，所以可以将小分子"碳架"比喻为阴面，而无机养分为阳面，氢和氧（即水）则是阴阳结合的黏合剂，植物没有水什么也不能吸收。这些表述可以简化成"阴阳平衡"的施肥法则，并可以制作出农作物与施肥关系的数学模型，即"土壤肥力阴阳平衡动态图"[2]，如图 1-4 所示［具体释义请参考《生物腐植酸与有机碳肥（第二版）》］。

1.5　如何给土壤补碳?

　　"碳掠夺"对土壤和农业生态的破坏是严重的。据四十多年来我国耕地土壤有机质含量下降的规律判断，在基本不施有机肥而大量使用化肥的情况下，耕地土壤中有机质含量平均每年下降 0.05%，也即 40 年下降 2%。当前我国耕地平均有机质含量不足 2%，比一些发达国家对

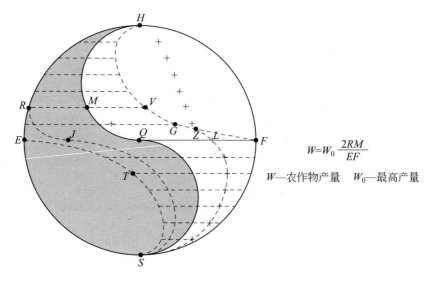

$$W = W_0 \frac{2RM}{EF}$$

W—农作物产量　　W_0—最高产量

图 1-4　土壤肥力阴阳平衡动态图

土壤有机质含量所划的警告性"红线"还低 1%，这些问题应引起重视。

如何快速而有效地给我国大量贫瘠化的耕地补充有机质呢？这就要解决三个问题：

（1）**资源问题**　补充有机质不能像补充无机养分那样，由矿物加工而来，办大量的化肥厂。从大自然开"有机质矿"并不是一条行之有效的途径。自然界中有希望加工转化的是泥炭和褐煤，走腐植酸工业之路。几十年的事实证明这很难解决我国十几亿亩耕地严重缺碳的现状。

世界上从农耕文明演变过来的，经现代微生物技术发展而形成的多种"精细农业"和"生物动力农法"模式，都有一个共同目标：培养土壤的自肥和自我修复能力。要实现这个目标，就必然要研究土壤中的一大类基础物质：腐殖质、腐植酸。

腐殖质和腐植酸来源于有机质和微生物。土壤中的植物养分，包括有机的和无机的养分，不是"水溶—输送—吸收"那么简单，土壤也不是单纯的肥料"贮存库"和"输送带"，而是依靠其内在的复杂生态系统对有机质和无机养分进行"二次加工"的消化系统，如图 1-5 所示。

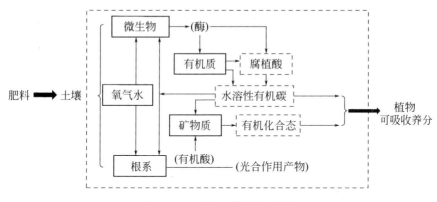

图 1-5　土壤的消化系统示意图

图 1-5 显示的经土壤微生物和土壤化学作用形成的腐植酸，可称为土壤的"本源腐植酸"，而人为加入土壤的腐植酸，就是"外源腐植酸"。本源腐植酸与土壤微生物共生共存，是土壤中碳能量传递和转化的基础物质，它就是土壤自肥和自我修复的"能源库"。外源腐植酸不但成本高，还必须与土壤微生物有一个融合的过程，施用不当还会出现危害。所以本源腐植酸是外源腐植酸所无法比拟的。真正善于种地的"农匠"，一定是培育本源腐植酸的有心人和高手。

反过来审视农业、畜牧业每年产生的数以百亿吨计的固液有机废弃物，目前固体方面，综合利用率不到 20%，也即 80% 以上没被利用而成为污染源；液体方面，综合利用率不到 10%，也即 90% 以上成了严重污染源，其中包括使用环保设施把它分解为 CO_2 排掉，给地球温室气体补充"兵源"。但大量研究表明，这两类有机废弃物绝大部分可以收集转化为"农匠"们培育本源腐植酸的资源。

(2) 碳转化技术的科学性问题　要给耕地补充有机质，有机质有多种形态，不是把任何形态的有机质施入土壤就万事大吉。事实上未经科学合理转化的有机质，不论是固态还是液态，都可能形成污染源。在局部地区，大量的有机废弃物就引爆了一场又一场生态灾难。由 1.2 节所述可见，以腐殖质（HM）或小分子有机碳（AOC）的形式给土壤补充有机质，才是安全、有效的。而以未经腐熟的固体有机质、腐植酸（HA）或水溶大分子有机碳（DOC）的形态进入土壤，则可能带来风险。这就要解决有机物料碳形态的转化（简称"碳转化"）问题，即把固液有机废弃物通过科学加工，转化为 HM、AOC 或 HM＋AOC，才是安全和有肥效的。

这里要特别提出如何得到 AOC 的问题。如果要使有机物质达到无害化和营养化（即肥料化），必须参考上述碳形态转化规律：固体有机废弃物腐解，靠的是微生物在适当的氧气环境中的作用。这里必须掌握一个度，即含氧量问题。含氧量以供给微生物新陈代谢为限，如果含氧量过高，就会使微生物分解和代谢产生的小分子有机碳被大量氧化成 CO_2 排掉，使有机肥产品丢失了最为宝贵的有机营养物质 AOC。要把有机废液中的水溶有机大分子转化为无害的植物有机营养，也要依靠微生物在适当溶解氧环境中的作用，这里也同样要掌握含氧量的度，含氧量太高，就会把从 DOC 被分解出来的 AOC 大量氧化成 CO_2 排掉，总之这个"度"的实质，主要是对氧气的控制，最佳氧气供应量是只够微生物消耗所需，尽量减少 AOC 的氧化。

（3）碳转化工艺的经济合理性问题 我国耕地面积总量约 20 亿亩，再加上可能改造成农田的大约 3 亿亩盐碱地，总量就有 23 亿亩。根据多年经验测算，耕地以一年两茬计，每亩耕地一年平均施 10kg AOC，就能达到有效补碳。这相当于每亩耕地施用 4t 有机肥加 40t 沼液分解液。也就是说我国有机肥年市场容量是固体有机肥 90 多亿吨加沼液分解液 900 多亿吨。这些大量的有机肥靠工厂化生产或仅依靠某种固定模式的生产工艺来生产，是不可能的。因为不同性质的原材料可能就要应用不同的生产工艺，不同地域和气候条件下，又必须选择适合的地点来加工，甚至物料的归属，加工后肥料产品的走向，都可能影响对加工方式的要求。但这一切可以归结为：以最经济合理为标准选择最适合的加工转化工艺。如图 1-6 所示。

图 1-6 表达的仅仅是一类技术的加工转化。从大量有机废弃物尽可能多地转化反哺农田的大局看，应该开发更多因地制宜的微生物技术、

酶技术，以及与碳转化结合的技术，使有机物料转化还田成为经济易行的、常态化的普及技术。这是我们的国情所需。

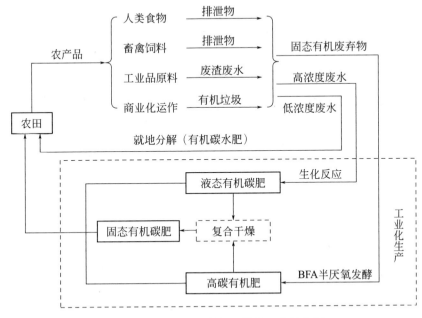

图 1-6　不同有机物料加工转化工艺示意图

第 2 章
农业物质循环与农业文明

2.1　农业文明与碳循环

2.1.1　农业文明的内涵

农业文明是伴随人类进化而生，伴随人类社会发展而发展的。农业文明是人类灿烂文明的重要组成部分，是人类生存繁衍的物质之源、文化之根。

对于一个国家来说，农业发达，人们丰衣足食则民心安，民心安则国稳。与工业和信息产业有极大差别的是农业发达必须经历长时间连续发展的过程，必须以良好的土地、水源和耕作方式等条件作基础。农业的发达必然产生发达的农业文明，而发达的农业文明又创造发达的农业产业，推动国家和地区经济文化的发展和国力的强盛。

纵观世界几千年农业文明史，古代农业文明最发达的几个地域，大部分已剩下遗址和荒漠了，究其原因有长时间的战乱，也有对土地过分的索取，例如过度放牧等。农业生态受战乱的破坏经一两代人就可以恢复，但连续长时间过度的索取，导致土壤贫瘠化，农业环境和气候不可逆转的恶化，就会暴发农业生态灾难，而使往昔的绿洲草原变成荒漠，这种情况就不是短时间可以挽回的了。

我国西北地区长期干旱少雨，土地由荒漠变成沙漠。但有一些地区例如塞罕坝，当地人民坚持几代人植树治沙，终于使沙退绿进，还使当地生物圈重新形成，局部气候包括降雨量都有了明显改善，这就是农业文明的重建。但这种重建也要经历几代人的连续努力。

农业文明的主要内涵是两个"循环"：物质循环和生态循环。物质循环是指把从土地索取的物质通过转化利用后，尽可能多地返还土地；生态循环是指农业环境生物多样性的维护，促进生物圈的平衡发展，尤其要消除人类活动对生态环境的负面作用。

上述两个循环是互相关联、互为条件的。只有良好的物质循环才能维持生态循环，而良好的生态循环又为物质循环提供足够的转化动能。例如土壤中微生物丰富，蚯蚓多，有机质就腐解得快，土壤也就肥沃有生机。

人类活动对农业环境的负面影响，表现为两方面：一方面是不当开发和过度索取；另一方面是污染。污染的类型很多，而最严重的是重金属等化学物质的污染和有机废弃物的污染。这里讲讲有机废弃物污染。常见的有机废弃物，人们通俗的说法是"会烂会臭"的东西，例如畜禽粪便、农作物秸秆、有机污水、生活垃圾、食品行业加工废弃物、造纸废液等。大量的固液有机废弃物会造成环境恶臭，土壤和水体缺氧，生物圈紊乱和衰败，水生动物和农作物死亡。这些污染物都来自农田（山林），如果最大限度地转化返还土地，就能基本消除这种污染源，还能使土地获得源源不断的有机养分的补充，土壤贫瘠化的问题就彻底解决了。

有不少学者跟踪过土壤有机质的动态数据。比较一致的看法是：对于一块常年种植的耕地来说，在不补充有机肥的情况下，土壤有机质含量每年约下降 0.05%。也就是说,要使该耕地有机质含量保持不变,每年每亩必须施足 4t 有机肥。如果要改良土壤,还应使贫瘠化耕地有机质含量每年上升 0.05%,则必须每年对这种耕地每亩施足 6t 有机肥。

我国耕地面积约 20 亿亩,其中 75% 以上是有机质含量在 2% 以下的贫瘠化耕地。我们以 25% 耕地每年每亩应施 4t 有机肥、75% 耕地每年每亩应施 6t 有机肥计,全国每年有机肥潜在需求量就是 110 亿吨,这是我国耕地全部成为沃土需有机肥的理论值。要完成这个理论值的哪怕 10%,都必须花大力气。所以别无选择,必须一代人接一代人努力做好农业物质循环这篇大文章。

2.1.2 农业物质循环的本质是碳循环

农业物质循环宏观上的描述如图 2-1 所示。

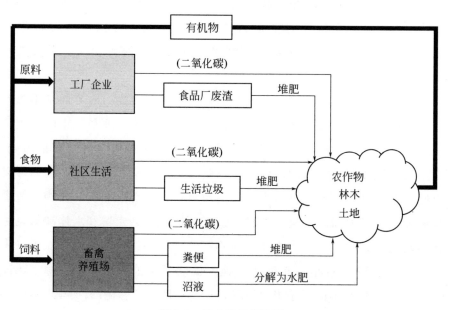

图 2-1 农业物质循环图

从能量的角度看,地球上一切能量都来源于太阳能,能量的传递和转化产生和维持生命。在生物质的营养元素中，碳是众多营养元素的组合者，也是物质积累的主角，又是维系生命活动的能源物质。所以源于太阳能的这种能量积累和传递就是靠碳形态的转化和传递来实现的。

农业物质循环，是对源于（但不只限于）土地的生物质的利用，转化并反馈给土地。这些生物质除了水分，其干物质中约 40% 是碳，其余才是氢、氧、氮、磷、钾和中微量元素。生物质循环回土地，就是碳形态的转化，同时也带动了其他无机营养元素的转化。因此农业物质循环本质上就是碳循环。

2.1.3 碳循环的关键技术是碳转化

以下是有机质在不同条件下碳形态的不同转化产物，如图 2-2 所示。

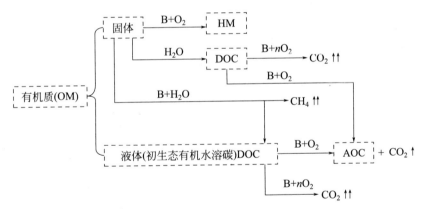

图 2-2 不同条件下有机质碳形态的转化

OM—有机质；HM—腐殖质；DOC—水溶大分子有机碳；AOC—水溶小分子有机碳；
CH_4—甲烷；CO_2—二氧化碳；$B+H_2O$ 表示无氧发酵；
$B+O_2$ 表示有氧发酵；$B+nO_2$ 表示强曝气分解；
↑表示气体排放；↑↑表示气体强排放

碳转化的目标应该是无害化和营养化，碳转化的本质就是碳形态的转化。有机质转化不当会形成有机污染。

2.2　我国农业文明传承几千年的密码

我国农业文明能够延续几千年，得益于我们祖先的农耕智慧，特别重要的是对土地的认识和呵护。农户们日出而作，日落而息，其中一大部分的劳作是对土地的养护和整理。农民深知对土地既要索取，又要给予，把从土地得到的尽可能返还土地，俗称"养地"。

传统的养地措施很多，主要有如下几类。

一是堆肥。把畜禽粪便和生活垃圾、农产品加工废弃物、塘泥或海泥等混杂堆沤，在播种前下地作为基肥。

二是人粪尿沤制液态厕肥，一般作为农作物追肥之用。

三是农作物秸秆还田，较多的用于水田，容易沤烂。

四是种植绿肥作物，在主茬播种前将其翻压入土。

五是鱼-稻-鹅（鸭）或鱼-桑-蚕模式的小循环。

六是使用植物农药，既驱虫抑菌又腐解成肥。

诸如此类的养地措施，其本质就是农业物质循环。正是由于世代持续不断的物质循环，使土地保持着"富碳"状态。这种物质循环必然也带动了氮、磷、钾和中微量营养元素的循环和补充，使土壤在补充养分与流失、消耗养分之间处于平衡甚至略有富余的状态，从而使土壤具备再生产及自我修复的能量和养分。所以我国大量耕地能延续几千年保持良好的产能状态，成为中华民族生存繁衍的根基。物质循环就是我国农业文明传承几千年的密码。

2.3　惨重的代价和深刻的教训

市场经济的冲击，以及多年来土地所有权经营权的频繁变更，这一切让我国大面积农业用地几十年得不到养护，并被过度索取，全国耕地有机质含量平均值跌到不足 2％，造成土地板结、沙化和土传病害频发，农业环境恶化。几千年传统农耕文明对土地的好作为、好模式，在最近几十年几乎不见了。图 2-3 是我国近几十年人们对土地的化学农业耕作方式与传统农业耕作方式的对比。

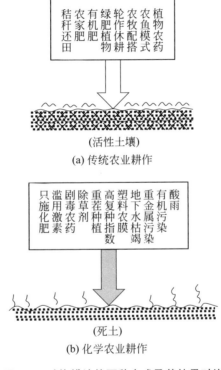

图 2-3　对待耕地的两种方式及其结果对比

2.4　世界上农业发达国家（地区）的经验启示

世界上诸多发达国家（地区）的农业也很发达，农业环境保护得也很好。归纳起来大致可分为以下几种模式：

（1）**机械化大农场** 以美国、德国等为代表，他们注重秸秆还田和休耕，而且这些农场大多附建养殖场，畜禽排泄物几乎全部被转化为肥料。年复一年，一代传一代地进行物质循环，是他们农业长盛不衰的根本原因。

（2）**设施农业** 最著名的是以色列和荷兰，在高投入高科技的设施农业中，控制好农作物生长，大部分不依靠土壤。他们能延续多年的发达农业，很重要的原因是掌握了在设施（而不是土壤）条件下给农作物补碳，以色列人是在有机堆肥中取得渗出物（实质是 AOC）加进植物营养液中；当然，设施农业中 CO_2 和光照可控可补，也是他们的农产品不缺碳的重要原因。重视碳、补碳，是他们成功的重要因素。

（3）**精致农业** 最有代表性的是日本、印度和泰国的一些地区。他们的土地大多是世代相传，且从业人员的文化素质一代比一代高，他们把能收集到的一切有机废弃物都收集来进行生物分解，许多田间就有小型堆肥厂。许多农民会自己培育发酵菌，会制造酶素。有机微生物肥成了主打肥料，化肥只是配料。这种农作方式的结果是：农作物品质好，病害少，而土地却越种越肥，抗旱耐涝。这就是精细农业的高级形态——生物动力农业。

如何在工业化进程中维持农业的发达？措施肯定有很多种，但是牢记农业文明密码，坚持不懈地实行农业物质循环，以维护土壤和农作物的"富碳"状态，是绝对不可或缺的关键技术措施。

2.5 农业物质循环的新认知与旧技术

近年来，随着对过去几十年化学农业耕作方式造成一系列严重问题的反思，人们逐渐加深了对农业物质循环的重要性和必要性的认识，政府有关部门也把农业物质循环作为发展农业的重要战略来抓，陆续下发了不少相关的政令和指导性文件，尤其对有机废弃物转化为肥料更为重视，出台了不少扶持政策。但是问题来了：过去对有机废弃物肥料化的诸多技术被证明是落后的、不适应的，有些甚至是有害的，搬到现在来用不行了。对这个问题本书必须予以指出，以免"穿新鞋走老路"，产生更大的危害。

2.5.1 关于多年来普遍应用的主流堆肥技术

新中国成立后我国有机肥产业艰难起步，亟需有机肥生产技术。于是创造了"好氧高温发酵—不断翻堆—高温烘干"的有机肥主流生产工艺。这种工艺是避免了传统农村堆肥温度偏低、发酵不够透的缺点，但是传统农村堆肥工艺简单、投资极少、几乎不耗能和肥效较高的优点被丢掉了。

上述这种工厂化堆肥技术设备投资大、耗能大，更重要的是有机质经反复高温氧化，以 CO_2 形式大量排掉。最容易被氧化的是 AOC，这是有机肥料的精华，却被无视和抛弃。经过长达二十几天的生产，物料只剩下一堆不能水溶的空壳，"无害化"是实现了，但却没留下多少有机营养物质，充其量是"粗、重、慢"的土壤改良剂。

2.5.2 生产有机肥的其他动态设施技术

近些年来出现一种"高、大、上"之风，把有机肥生产装在巨大的立式罐体或卧式滚筒内搅拌推送，在数天周期内完成发酵，再转移去另一组滚筒内干燥。这类技术并没什么实质性创新，其本质还是好氧高温发酵，不断翻堆和高温烘干，只能生产出性价比不被农民认可的有机肥料。

2.5.3 关于有机废液浓缩液喷雾干燥的技术

由酒精、味精、酵母等工厂产生的废水量大、COD（化学需氧量）高，被禁止直接排放，这些工厂只好把废水浓缩成含固率约50%的浓缩液，然后用各种方法、各种渠道"消化"掉。多年来人们探索不少办法"消化"它，最简单和直接的办法是兑水稀释后浇灌农田，不久人们就发现这样会导致农作物发黄烂根。后来又有人发现此浓缩液"喷雾干燥粉"的水溶性极好，就当作"生化黄腐酸"售卖。但很快人们就发现一块农田重复使用这种产品，农作物也会发黄烂根。因为喷雾干燥没有改变浓缩液中有机分子的结构和粒径，它还是DOC形态的水溶有机大分子。因此"喷雾干燥粉"的销售者就不敢在一个地方反复推销，而是"打一枪换一个地方"，这实际上是在转移污染。多年前曾有人把化肥溶入浓缩液，再喷雾造粒生产"腐植酸复混肥"，现在也已无人问津了。

2.5.4 为什么不可以把沼液直接当液体肥用？

时至今日，还有一些人坚持认为沼液含有丰富的水溶有机质，可以当肥料用。这种看法不无道理：沼液经大氧化塘存放几个月时间，兑几倍水稀释后用于大体型果树和山林施肥，能显示不错的肥效。但如果因此就认为沼液用作液体肥有益无害，那就错了。首先上述沼液的使用是有条件的：一是经氧化塘长时间分解陈化；二是使用时还要用水稀释；三是用于乔木型根系粗壮的植物。但即使这样使用，农作物环境还是会逐渐恶化，造成空气污染，虫害较多。

20世纪70年代，我国成都平原的农村大力推广沼气，几个县几乎家家建沼气池，沼气用作燃料，沼液被引入农田做液体肥，既解决了养殖粪污和生活垃圾的出路，又解决了农村能源和肥料问题，引起了联合国有关机构的重视，多次组织各国的代表前来参观学习。但是数年之间，这些沼气设施就逐渐被弃用了，因为人们发现多次使用沼液后农作物逐渐发黄甚至烂根，农田也开始发臭。

有些人看到沼液的危害，就认为沼液有毒，这是只知其表不知其里。只要让沼液具备一定的溶解氧，微生物就能正常繁殖，说明"有毒说"是不成立的。沼液的危害源于其内含物是水溶大分子有机碳（DOC），在后续相关章节会作具体论述。

2.5.5　秸秆还田的推行为什么不顺畅？

在小农经济年代，秸秆还田并不是社会重点关注的问题。因为在没有社会化的能源供给的时代，农民将秸秆作为家庭的燃料，再把燃烧的灰烬作为肥料下田，一点都没有浪费。

现在，能源的社会化供应使农作物秸秆没有用场了，秸秆必须"转业"了。秸秆转业有三种去向：一是某些秸秆可以加工成饲料，称为"过腹还田"，这本是极好的事，既解决了牲畜的饲料，又产生了肥料。可是实际上只有含蛋白较丰富的秸秆例如大豆、花生等少部分秸秆被收集卖给养牛（羊）场。二是收集卖给发电厂。由于收集和运输成本比较高，而许多农田附近并没有发电厂，所以这种用量也并不多。三是秸秆就地还田。从理轮上讲这种方式成本低，收益大，几乎处处可以实行，一块农田地面秸秆的还田，相当于每亩耕地施 $1 \sim 2$ 吨有机肥。但是情形并不乐观，政府提倡秸秆还田多年了，真正实行的地区非常少，尤其是华北、东北等地，秋后焚烧秸秆的现象还很普遍，各地政府部门采用各种办法阻止和惩罚焚烧秸秆，还是无法控制。

为什么既省钱又实惠的秸秆还田做起来这么难呢？主要是因为秸秆还田后腐解慢，有些几个月都不能腐解，妨碍下茬农作物的种植。除了地温和土壤含水率因素外，推荐给农民的秸秆腐解菌不带碳，是重要原因。微生物菌剂生产厂家在培养微生物时，配置好了培养基的碳氮比。可是当他们把微生物通过吸附剂收集后，却没有让吸附剂带碳养分。这些吸附剂不含可被微生物吸收利用的碳养分，就相当于没给空降兵配带食物。这些微生物到土壤中不能迅速繁殖，就失去了种群优势，它们进入土壤中在与"土著群体"的竞争中逐渐丧失生存能力而归于消亡。在调研中我们发现：这些菌剂是白色的，应是不带碳。

2.6 农业物质循环的阻碍在碳转化环节

如果把有机质中的碳在农业物质循环中分成多个不同形态，串起来就是一个循环，可以用图 2-4 来表达

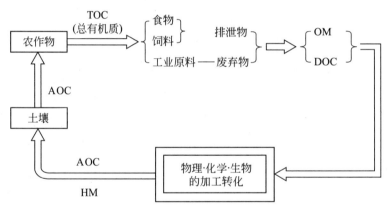

图 2-4 碳形态在农业物质循环中的转化

由图 2-4 可见，要使农业物质循环顺畅和可持续，转变有机质存在形态是主题，要把 OM 和 DOC 转化成土壤的重要成分 HM，以及植物可直接吸收利用的 AOC。

在我国大量工农业有机废弃物亟待处理转化、大量农田亟需滋养改良的今天，用老旧的甚至是落后的技术已经无法应对这种需求了。能完全打通阻碍、贯通循环的新技术和新模式的推广应用，已经成为国家农业战略层面的重大技术课题。

2.7 有机碳与生物炭的区别

碳是植物必需的营养元素。植物的物质积累和呼吸消耗掉的碳，占植物吸收的全部营养物质的 50% 以上，所以碳是植物的基础元素，而不是与氮、磷、钾并列的"大量元素"。

经过近几年的交流、争议，现在否认植物根部吸收碳养分的声音已基本上沉寂了，碳养分来源"双通道"说已被越来越多的人所理解并加以应用了。但现在一种"生物炭"的出现，让人们陷入了新的迷茫：一个"碳"，一个"炭"，它们有什么区别？

首先讲碳，作为植物碳养分，碳的存在形态必须符合可以溶于水和小分子两个条件。只有有机态的碳才可能溶于水，所以二氧化碳经光合作用转化的碳水化合物（糖类）是水溶的也是小分子，它就是植物的碳养分（当然捎带了氢和氧），但二氧化碳不能视为植物碳养分，它必须经光能推动叶绿素工作才能转化为有机质形态。而给植物根系输送水溶性小分子有机碳（当然捎带氮、硫、氢、氧等元素），也能成为植物碳养分，这种碳养分被植物直接吸收是不必耗能的。试验表明，水溶性小分子有机碳还能被土壤微生物直接吸收利用，使微生物获得快速繁殖的碳养分和能源。所以水溶小分子有机碳又称为"生物可利用碳"。水溶小分子有机碳可被植物吸收，不但补充了植物所需的碳积累，而且提供新陈代谢的碳能。从营养和能量两个方面来看，小分子有机碳就是真正意义上的碳肥，它既是营养肥还是能量肥。

再讲炭，这是碳元素的单质形态，单质碳是不能溶于水的，除非被加工成纳米级，但这种级别的碳已贵得不适合做肥料了。笔者曾经从某科研机构取得生物炭的样品，混到水里两个多月都不能固液分离。从混悬液的光学特性看，完全没有黄色或橙色的成分，说明液体内不存在水溶性小分子有机碳。不能溶于水就不能被定义为植物营养，也不能被微生物吸收。所以生物炭（有的称为生物质炭）不是碳肥。现在市场上出现的生物炭基本上都来源于秸秆无氧高温裂解，加工为细粉，其基本理化特性与木炭、竹炭无异。但由于秸秆的多孔性，生物炭有极好的吸附性能，在土壤中可吸附包括土壤 AOC 在内的多种营养成分，既有利于微生物的生存繁殖，又能提高化肥利用率，吸收光能、提高地温，有利于土壤改良和减轻重金属的危害，因此作为对作物秸秆废弃物利用的一种技术，无疑应该提倡。但是从碳营养的有效性来说：有机碳是有效碳，生物炭是无效碳，有些为了商业目的，把生物炭说成"炭肥"，就有些鱼目混珠，混淆视听了。

第**3**章
如何制造经济高效的有机肥

3.1　制造有机肥的目标和加工转化的内涵

　　这里先介绍物料发酵过程中微生物群体的各类"角色"。许多人以为：加进物料中的发酵菌剂是发酵的主力军，甚至是贯彻始终的，这是一种误解。我们经常看到一大堆有机物料随便堆在哪里，只要气温和水分合适，它就会发热甚至腐解。这说明物料中的自然菌群也能分解有机质。给物料加入发酵菌剂实际上起两种作用：首先是加快升温，以缩短发酵周期；而后随着物料温度上升，那些更大量的自然菌逐渐活跃起来，在发酵菌剂的"带动"下对有机质发起"大兵团作战"，加快了物料升温和腐解。在这个过程中那些与发酵菌剂及其"同盟军"相拮抗的不良杂菌就受到压制，有机物料的分解过程向着发酵菌剂主导的方向发展。从这个角度看，加进去的发酵菌剂是主导菌，而发酵分解的主力军却是大量自然菌。所以在有机肥料制造后期，可能很难检测到原先加入的菌种了。

那么发酵过程物料经历了哪些演变呢？这是一个有微生物、氧气、水分及许多营养物质加入的繁杂的"转化—反向循环—再循环"的过程，可简化表达为：

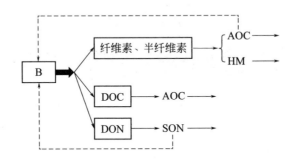

其中，B—微生物；DON—溶解有机氮；SON—小分子水溶有机氮。

由上述过程可见：物料中的纤维素、半纤维素、大分子水溶有机碳及大分子水溶有机氮（蛋白等），经微生物分解成 HM＋AOC＋SON。HM 不易溶于水，但能改良土壤和提高无机养分肥效，而 AOC 和 SON 则是植物和微生物可直接吸收利用的碳、氮养分。这就是科学制造有机肥料的原理，HM＋AOC＋SON 就是有机肥料的有效物质，也应该成为我们对堆肥的要求。

3.2 几种典型的有机肥生产模式

3.2.1 简易堆肥

这种模式主要存在于农户或小型农场，这是历史上农村堆肥的延续，只不过现在加入了微生物技术，使发酵过程更短些。这种模式的特点是：就地取材，设施简单，几乎不耗能，所以生产成本很低。由于基本上是自用，所以制作过程不太讲究技术规范和技术条件，产成品含水率和无机养分含量都不作严格要求，还不设专门的干燥工序。

由于温度及水分条件控制不严，这种肥料产品在 OM＋DOC 向 HM＋AOC 转化方面就不够理想，产品还有不良气味。但没有转化的部分到土壤中还会继续转化，所以在大田作物和果后肥等方面还是很适用的。由于制造过程中小分子有机碳被氧化（成为 CO_2）率较低，这种肥料总体肥效比较高。

在农业区域固体有机废弃物几乎无处不在，常常造成环境污染。若能及时把它们收集起来就近堆肥，那就是变废为宝，这是农业物质循环的一种重要模式。因此我们要将简易堆肥普及，并在技术上加以提升，推动生物动力农业的形成和延续。

简易堆肥的原材料非常丰富：畜禽粪便、有机生活垃圾、厨余、沼渣、树枝菜叶、树皮木屑、泥炭粉、食用菌棒渣、食品工厂残渣、塘泥，等等。

制造简易堆肥要注意以下几点：

① 干湿物料搭配，使混合后总含水率在50％～60％。

② 每次堆肥的肥料体积不能太小，否则发酵产出热量积累不了，温度上不去就腐熟不了。注意保温，在气温较低时料堆外表应覆盖具有一定透气性的保温层，例如多层麻袋（透气编织袋）或旧棉被。

③ 应用不必翻堆的发酵菌剂，例如 BFA（生物腐植酸）发酵菌剂。

④ 如物料比较粗糙，或以木质素为主，发酵堆要建高些，捂住发酵的时间要长些，最少30天以上。

⑤ 要检查堆内温度，至少数日在60℃以上。如果没有合适的温度计，可手插入物料20cm左右，感觉烫手就是50℃左右，感觉手快承受不住就是60℃以上了。

⑥ 如果物料基本上是秸秆和树皮木屑料，发酵中可能会缺氮，可在混料时每吨料加入10～15kg尿素，或加入20％以上鸡粪（猪粪）。

3.2.2 好氧高温发酵—翻堆—烘干模式

这是多年来我国正规有机肥厂执行的主流技术，使用的是好氧菌，它能形成 70℃ 以上高温，但在料堆内氧气耗完发酵就停止，因此要翻堆充氧，翻堆还有另一作用就是使堆温降下来，避免物料焖烧成灰烬。

这种模式发酵过程必须多次翻堆，一般有两种做法。一种是建发酵槽，槽的两侧边墙安装轨道，让翻抛机行走；另一种是在平地建垄，垄与垄之间留翻抛机行走的空隙通道。第一种基建投资较大，第二种占地面积较大。翻堆后的干燥工序使用了滚筒烘干—筛分冷却工艺。

这种模式存在如下缺点：

① 设备投资大。一个年产 1 万吨有机肥厂，仅生产线设施设备总投资就要 100 万～200 万元。

② 耗能比较大。

③ 噪声和粉尘污染相当严重，温室气体排放也很严重。

④ 产成品有机肥料中 AOC 含量低。经检测 AOC 含量在 0.5%～1%，而同样物料简易堆肥 AOC 含量一般都在 1%～1.5%。翻堆次数越多，烘干温度越高，AOC 含量就越低。

3.2.3 封闭式动态发酵模式

这种模式又分为两类：一类是巨型立式罐体，物料由上而下缓慢旋转，到下出口时已是腐熟料，再转去烘干工序加工、包装；另一类是卧式滚筒，通过电加热升温（节省时间），缓慢旋转翻料，经发酵后直接输送到另一卧式滚筒进行烘干。

这种模式实际上是 3.2.2 模式的改良。改进的地方是把暴露的物料和动态操作都封闭起来，基本上解决了文明生产的问题。但仍然保留翻堆和烘干这两道消耗 AOC 的工艺，当然得不到高肥效的有机肥料。另外这种模式单罐（筒）产能比较低，因此要达到预定的规模产能，其生产设备需要多罐（筒）并列，投资就更大。

3.2.4 "纳米膜"封闭下鼓风式发酵模式

"纳米膜"封闭下鼓风式发酵，实质是以控制温度为要点的风控发酵。这种方式设备投入低，加工成本低，但二十余天的通风发酵，有机碳养分消耗大，肥效差。此外，此种模式占地面积也较大。

3.2.5 免翻堆自焖干发酵模式

这种模式的生产过程为：各种物料加发酵剂经充分混合后，转移到发酵区建堆（垄），经 7 天左右发酵后再转移到高堆区，经 20 天左右的自焖干、陈化和降温，含水率达到 30% 左右，就可以输送到筛分和包装工序了。这是一种静态发酵和利用生物质能干燥的过程，具有生产设备简单、投资少、耗能低、文明生产的优点。且产品的 AOC 含量高，肥料不但肥效高，而且速效性也明显，是一种经济高效的有机肥料。

为什么发酵过程可以不翻堆？关键在于使用了含碳（养分）的菌剂。这种菌剂称为"生物腐植酸"，简称 BFA，所以这种堆肥模式又叫"BFA 堆肥"。

由于 BFA 中含丰富的碳养分，当菌剂混入物料中，在合适的水分条件下，其自身所带的 AOC 便首先被微生物所利用，微生物快速繁殖，所以物料升温快。当物料发酵到中期，料堆中氧气稀薄了，但有丰富 AOC 作能源的微生物仍有"战斗力"，发酵没有停止。但由于氧气不足，料堆温度不会无限制上升，而可以保持 60～70℃ 数天，完成物料的腐熟过程。这就是免翻堆的原理。

为什么可以自焖干而不必人为烘干呢？因为发酵料堆未经翻动到了第八天铲去高堆时，物料尚有 50℃ 左右余温，铲到高堆等于翻动了一次，物料中氧气多了，料温还会稍升几度。但由于高堆重压，物料中的氧气得不到补充，料温会从 50℃ 以上慢慢下降到室温，这个散热过程就把物料中的水分带走了。

现在有人在这种免翻堆自焖干工艺的基础上，创造了静态仓式全封闭有机肥生产线，以高度自动化、高度文明生产的方式制造高效有机肥，这种模式特别适合北方地区无季节障碍的生产，值得推广。

3.2.6 各种有机肥生产模式的比较

上述几种有机肥生产模式，使用相同物料加工为有机肥，在投资、耗能、文明生产、生产成本和肥料功效等方面，出现了很大的差异。以下列表比较，为读者选择生产技术提供参考（表3-1）。

表 3-1 有机肥几种主要生产工艺对比（以△多为优，少为劣）

类型	设备投资		占地面积		文明生产		单产耗能		单产加工费		产品气味		产品肥效		总评价
F₁	大	△△	大	△△	差	△△	大	△△	大	△△	稍臭	△△	差	△	13△
F₂	很大	△	较小	△△△	强	△△△	很大	△	很大	△	稍臭	△△	较差	△△	14△
F₃	很大	△	较小	△△△	强	△△△	很大	△	很大	△	无味	△△△	较差	△△	15△
F₄	极小	△△△	很大	△	很差	△	极小	△△△	极少	△△△	臭	△	稍差	△△	18△
F₅	小	△△△	很大	△	较强	△△△	较大	△△	少	△△△	微臭	△△	差	△	15△
F₆	小	△△△	小	△△△	较强	△△	小	△△△	少	△△△	微香	△△△	高	△△△	24△

注：F₁—槽式发酵—翻堆—烘干工艺；F₂—塔式（罐式）发酵工艺；F₃—滚筒式电加热发酵工艺；F₄—大堆料长时间自然堆沤；F₅—"纳米膜"鼓风发酵；F₆—BFA发酵免翻堆自焖干工艺。

从表3-1可见，BFA发酵工艺是迄今为止综合评价最优的生产工艺。也就是说要制造经济高效的有机肥，应选择此工艺。

有些槽式翻堆工艺想改成免翻堆工艺，只需改变发酵菌剂。槽上空的翻堆机就用作初建堆时的混料机即可。

3.3 免翻堆自焖干堆肥技术详解

既然水溶小分子有机碳是植物有机营养的重要成分，在制造有机肥时就要刻意保护它。这就要使有机物分解过程适可而止：

到"小分子"为止，碳不转化成二氧化碳，而留在含碳小分子有机化合物里。这种小分子只要小到微米级以下，在几百纳米粒径范围内，就是水溶小分子，就是我们需要的"植物可吸收的有机碳营养"了。现在市场上的商品有机肥 AOC 含量很少能达到 1.5%，所以把 AOC 含量 2% 以上的有机肥称为"高碳有机肥"。如有机肥中氮、磷、钾肥力不予计入，含有效碳值（AOC）就是有机肥力的标志，甲乙两种有机肥比较，甲的有效碳值（AOC）是乙的 2 倍，有机肥力就是乙的 2 倍。

要达到这一目的，在有机肥生产工艺中就要做出重大改变（图 3-1）：

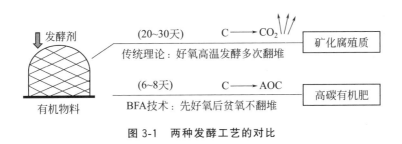

图 3-1 两种发酵工艺的对比

① 利用特殊发酵剂，发酵过程不用翻堆；
② 利用生物质能和自然风，不用烘干设备而能达到干燥要求；

③ 无特别需要不造粒。

用物料量 0.3% 的富含有机碳养分和复合菌群的生物腐植酸（BFA）或其他有机碳菌剂作发酵剂，菌群中有好氧菌、也有兼性菌，加上有机碳养分的快速补给，微生物生命力更强，能在富氧和贫氧的环境中生存繁殖，在 7～8 天时间内免翻堆（不充氧）就能使有机物料充分腐解。由于有机碳养分损失少，物料中的氨气、硫化氢等臭气被碳框架中的各种官能团以多种形式吸收，不但使物料不臭，而且转化出更多碳氮、碳硫等有机化合物，进一步提高了肥效。出于保存有机碳养分和微生物的目的，本工艺采用"高堆焖干"法，即把发酵 7～8 天后的物料移开，建 1.5～2.5m 的高堆，到期的发酵料一天挨着一天堆放，让其在"发低烧"的状态下把水分蒸发掉。一般 25～30 天就能使水分降到 30% 左右，可以开堆散热装袋了（图 3-2）。

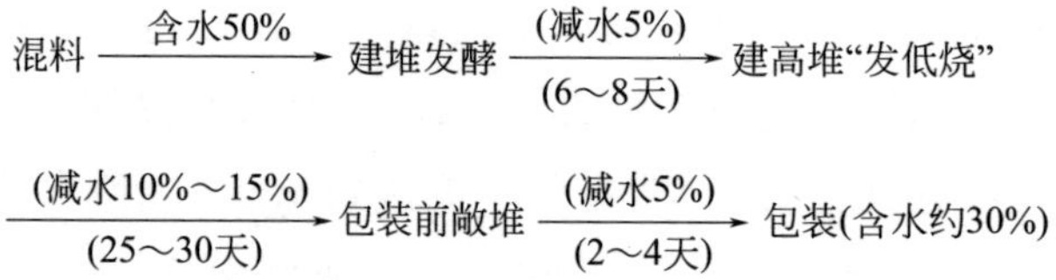

混料 —含水50%→ 建堆发酵 —(减水5%)(6～8天)→ 建高堆"发低烧"

—(减水10%～15%)(25～30天)→ 包装前敞堆 —(减水5%)(2～4天)→ 包装(含水约30%)

图 3-2　BFA 有机肥发酵的减水（干燥）过程

从进料到包装的工艺流程及注意事项介绍如下：

（1）混料　在地板上一层一层地铺叠所有物料，把 BFA 发酵剂（总物料的 0.3%）铺在中间层。开动轮式混料机把物料混合均匀。除了各物料合理配置外，水分的掌握至关重要，要使水分控制在 50%～55% 范围内。轮式混料机除了混匀物料和打碎大团物料外，还能使物料在混合后达到良好的含氧量。混料也可以使用卧式双轴混料机。

有的有机肥厂原工艺为好氧多次翻堆，改为 BFA 免翻堆工艺，可保留几条发酵槽，而槽上行走的翻堆机可留在一个固定的混料槽上作混料机用。

（2）建堆　用铲车把混合后的物料铲去建堆，堆高 1～1.1m，长宽不限，每日建堆与前一日的料堆紧贴着，以减少散热面积（图 3-3）。

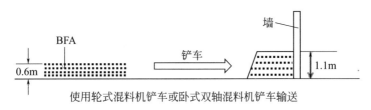

使用轮式混料机铲车或卧式双轴混料机铲车输送

图 3-3　混料和建堆示意图

（3）适当保温　建堆头二日是关键升温期，48h 内堆温达到 50℃ 左右，是发酵能继续的保障。所以在环境最低温度不足 15℃ 时，必须采取保温措施，一般用编织布就可以。编织布与物料之间几厘米用粗糙硬物隔开以便料堆"呼吸"。北方地区环境温度更低时，应使用双层保温，里层为厚草帘，外层为编织布。在每日建堆互相挨着的情况下，只盖最新两日所建的堆就可以了（图 3-4）。堆温能否升到 60℃ 以上是发酵是否正常的标志，7 日之内必须有 3 日左右堆温超过 60℃。但如温度超过 68℃ 即开始大量产生二氧化碳，应掀开覆盖物散热。

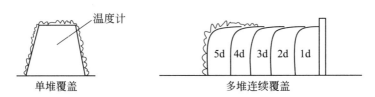

图 3-4　覆盖物使用示意图

北方地区冬季大规模生产有机肥，可采用两种保温措施：一种是厂房的发酵和高堆都在有暖气的厂房内进行；另一种是建特殊保温大棚，使厂房地坪低于外地坪 0.81～1.0m。

判断发酵是否正常，主要看物料温度。在物料建堆后插入电子显示温度计，插入深度 50cm 左右，注意温度计不可触到地板。如果 7 日内有 3 日温度超过 60℃ 而低于 70℃，就是发酵成功。如温度始终没有突破 60℃，就要找原因：一般是由于水分偏重，发酵不起来，或者是缺氮，也可能由于气温过低造成热量大量散失，堆得太多也难升温。

温度超过70℃怎么办？温度太高养分大量散失使肥效降低，必须控制发酵温度不高于70℃，主要方法是适当拍压料堆使料堆含氧量降低。

（4）建高堆"焖干"　在建堆第8日可以把该堆用铲车铲到"高堆区"，堆高1.5～2.5m。由于有余温又经一次铲动，物料会升温到50～60℃。但由于堆料互相重压，堆中含氧量少，温度不会继续上升，而堆中的微生物活动又处于较微弱状态，在相当长时间内堆温会持续在40～50℃，这使料堆日夜不停地"焖烧"。这个温度区间正是散发出水分而不燃烧碳的温度，这就可以在最大限度保留AOC的前提下，使物料干燥。配合这种工艺，高堆区厂房应尽量敞开，使空气流通，便于水汽散开。

（5）开堆散热　在发酵料高堆20～30日后，便可以开堆散热。此时高堆中的料温在40℃左右，水分含量30%～35%。把物料铲到包装线前端的空地上摊开，随着料中热气的散发，水分还会稍降，便可以将物料铲入集料斗进入包装线。

高堆区自焖干二十几日后，料堆上部和表面物料含水率会低于30%，而料堆中下部分含水率可能仍高于30%，开堆时铲车尽量让这两部分物料混在一起摊开散热，经包装线的传送过筛，物料含水率便趋于均匀。

（6）过筛包装　物料从集料斗传到输送带，经振动筛筛去杂质和大团料，其他物料就从筛下被输送到包装机，包装入库（图3-5）。大料团不必粉碎，送回发酵混料即可。也可将大团料集中积累，泼水建堆再发酵，梳理出石块塑料后，再参与建高堆。

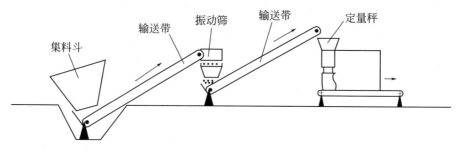

图3-5　包装线布置

图 3-6～图 3-8 是 BFA 有机肥生产工艺原理及流程的示意图。

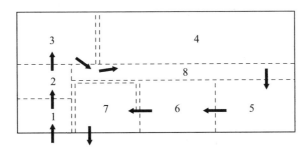

图 3-6　BFA 发酵法有机肥生产车间布置（双点划线表示有隔墙）
1—原材料区；2—混料区；3—发酵区；4—高堆区；5—摊料区；
6—包装区；7—成品仓；8—机械通道

(a) 轮式混料机

(b) 铲斗车

图 3-7　BFA 发酵法有机肥生产车间主要生产设备

(a) 混料

(b) 建半厌氧发酵堆

(c) 建高堆自焖干

(d) 过筛包装

图 3-8　BFA 堆肥工艺主要工序现场

(7) 注意事项

① 哪些物料可用于作有机肥的材料　广义来说，凡是有机废弃物都可作有机肥的原料。但考虑到有机物料收集难度、含水率、物理性状、含养分（水溶物、矿物质营养）值等对生产成本影响较大的因素，并不是所有有机废弃物都适合作有机肥料的原料。

以下把固体有机废弃物和有机矿物分为两大类：主料和辅料。主料包括猪粪、鸡粪、鸽粪、牛粪、羊粪、兔粪、糖厂滤泥、沼渣、造纸厂黑泥等。

辅料包括食品厂或中药厂废渣、秸秆碎渣、泥炭、食用菌棒渣、木薯渣、废烟丝、啤酒渣等。污水处理厂污泥必须先检测重金属是否超标，符合标准才能用作辅料。

主料含水率都比较高，一般在 70%～80%，要使发酵物混合后含水率达到 50%～55%，就要将辅料加工成含水率在 30% 以下的粉状料，作为减水剂。这样可使混合料含水率在 50%～55% 区间，还可使有机肥成品不出现过多大块物料或纤维，影响卖相。

② 怎样计算物料搭配能否达到含水率要求　在此介绍"接近式"计算方法：

△用辅料1（泥炭）：

主料（猪粪）1000kg　含水70%　干物质300kg　水分700kg ⎫ 共1500kg

设用泥炭500kg　含水25%　干物质375kg　水分125kg ⎭ 水分825kg

　　总含水率825/1500＝55% 符合

　　△用辅料2（菌渣）：

主料（猪粪）1000kg　含水70%　干物质300kg　水分700kg ⎫ 共1550kg

设用菌渣550kg　含水30%　干物质385kg　水分165kg ⎭ 含水分865kg

　　总含水率865/1550＝55.8%　大于55%，不符合，应修改如下：

猪粪1000kg　含水70%　干物质300kg　水分700kg ⎫ 共1600kg

菌渣600kg　含水30%　干物质420kg　水分180kg ⎭ 含水分880kg

　　总含水率880/1600＝55%　符合

　　当工厂的技术人员在经历多次混料操作后，已经熟悉物料性状，便可以用手捏法感知和判断混合物料的含水率：手紧捏物料指缝不渗水，松开能成团，落地能散，手感微湿，便是最佳含水率。

　　③ 在条件允许的情况下，发酵物料包括主料和辅料，种类多些更好，这样可以使有机肥含有更丰富的中微量元素，并可在多种物料配搭中选择原材料成本更低的配方。

　　④ 要对一些特殊种类有机物料进行有害物质含量的检测，不要贪便宜就大量引入。但也不要人云亦云，例如社会上流传鸡粪重金属超标、抗生素超标，也有造纸黑泥重金属超标等，是否如此？取几百克样品送权威检测机构检测就能得到答案。实际上抗生素问题即使存在，经微生物发酵基本上就被分解掉了。

　　⑤ 关于城市水处理厂污泥问题　本书未列入推荐之列的物料，不是不能用，而是要分析。例如与化工厂和矿业加工厂有关的水处理污泥，基本上都存在重金属超标问题，不能引入肥料厂。如果来源于生活区、商贸区污水处理厂的污泥就不存在重金属超标的问题，可以用于造肥。但这种污泥有两个缺陷：一是含水率（压滤后）还比较高；二是泥质细密，含氧能力差。这两点都是不利于发酵的，因此发酵中应引入类似鸡粪干或食用菌棒渣等含水率低的物料，使混合物中构建出大量含氧微孔，就能使发酵过程顺利升温并完成腐熟过程。

⑥ 关于花生饼、豆粕等沤肥的问题　花生饼、豆粕等含氮有机物料一直是农民追捧的高营养物料，而对这种物料的预处理方法一般都是用水淹没在池子里沤成浆状。现在更多人应用了微生物技术，向池子里加发酵剂进行"发酵"。待物料泡烂并发出臭味，再把这些料稀释后施给农作物，也有把这种稀释液过滤掉渣，以液体形态输入管道滴灌。

事实上问题是不断在暴露的：首先发臭就不是正常发酵，这种浆液的浇灌也经常造成部分果树烂根，表达在叶冠部分就是黄化。因为上述处理方法，包括加了发酵菌的方法，都缺少物料发酵的基本要素：氧气和适宜的温度。大量的固体物料用水泡起来，混合料中是不可能有足够氧气的；水泡液又会消耗大量热量使物料温度升不起来，更不用说冬天和春天气温低的季节。所以这种处理方法，谈不上真正意义上的发酵。而未经充分发酵的高营养有机物料施到地里，就有一个二次发酵的过程，这就会造成土壤局部缺氧和农作物烂根。

正确的处理方法如下：

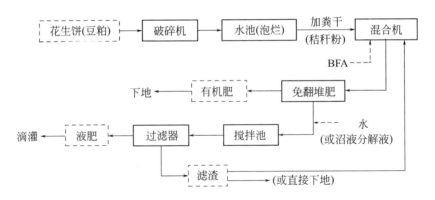

经以上处理，花生饼（豆粕）便以固体有机肥和液态肥两种形态进入农田，完全避免因不完全发酵所产生的风险，还可以使肥效发挥得更充分，给土地和农作物输送安全高效的碳氮营养。

⑦ 糖厂滤泥集中于榨季，每日产生量大，堆积几日就产生恶臭，靠大量减水剂来掺混发酵并不现实。为了争取每天发酵一日产生的滤泥，建议用如下"物料分流法"：

也即取一日滤泥总量的 54% 烘干成含水率 20% 的干品，就可与另 46% 湿滤泥混合作发酵料，不需另加减水剂。但湿滤泥进烘干机会糊壁，应有解决措施。

⑧ 怎样判断发酵是否成功　用 BFA 发酵技术，物料在整个发酵周期中不翻堆，看不到内容物的变化，判断发酵是否主要看温度。当物料混合好建堆后，用温度计（最好是电子显示温度计）插入料堆 50cm 左右，观察温度变化过程。如果周期内温度曲线基本上与图 3-9 中温度线 b 吻合，发酵就是正常的。

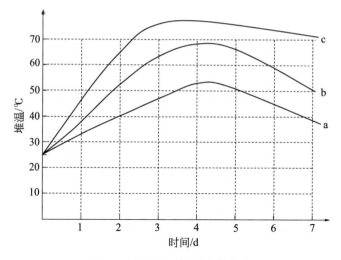

图 3-9　发酵周期温度变化曲线

高温线 c 是不合理的，物料有数天温度超过 70℃，表明物料"燃烧"（即小分子有机质氧化排出大量 CO_2）严重，肥料的肥力损失较大。造成超高温的原因可能是物料太蓬松，含氧量太高。应该改善配方，加些细密性的水分略高的物料。如果没有条件改变配方，可对堆料进行适当拍压。

低温线 a 是发酵失败，物料温度始终没能突破 55℃并维持 72h 以上，这使物料不能充分腐解和除臭。原因一般是含水率太高，或者使用了太多细密性物料（例如污泥）；另一种原因可能是物料总有机质含量太低（例如塘泥沟泥）以泥炭为主料发酵温度也难以提高到 60℃，应适当加些尿素和麸皮；还有一种可能是环境温度低于 15℃却未采取有效的保温措施；或者发酵堆的高度太高。

3.4　有机肥的质量检测

由图 2-4 可知，有机物料中主要有机物质是 OM（普通初生态有机质）和 DOC（初生态水溶有机碳），OM 直接进入土壤很难分解，不但会妨碍耕作，在土壤中发酵还会伤害作物根系；而 DOC 也会导致农作物根系缺氧。经合理加工转化后，有机物料转化为有机肥料，主要有机质是 HM（腐殖质）和 AOC（水溶小分子有机碳）。HM 是良好的土壤改良剂，而 AOC 则是植物可直接吸收利用的碳养分。OM 的物理状态与 HM 有很大区别，用肉眼观察和触感都容易区别，但 DOC 和 AOC 就难以区分。所以有机肥料的有机质"无害化"检测，主要就是要把 DOC 和 AOC 区别开。如果肥料样品的水浸出液中的有机质以 DOC 为主，就可能有害，而以 AOC 为主就无害。

用精密仪器 DLS（动态散射光）纳米粒度仪，可以清楚区分 DOC 和 AOC，一般 DOC 平均粒径为 $3\sim5\mu m$，而 AOC 平均粒径为 $600\sim800nm$。但中小肥料厂和农民不能置办和操作几十万元一台的精密仪器，在此介绍三种简易检测方法。

3.4.1　简易的"矿泉水瓶鉴别法"

取空矿泉水瓶，用 1 瓶盖有机肥料样品（大约 10g）倒入瓶中，再加入约 250g 清水，经激烈振荡后静置 8～12h，观察上清液（图 3-10）。

① 好氧高温发酵多次翻堆高温烘干：AOC≈0.5%

② 农村堆肥，略显混浊：AOC ≈1%

③ 半厌氧免翻堆发酵高堆焖干(高碳有机肥)：AOC≈1.8%

④ 用③产品加液态有机碳造粒(有机碳肥)：AOC ≈5%

图 3-10 有机肥料"矿泉水瓶鉴别法"

上清液浅灰色，几乎不含 AOC，可能是高温发酵和频繁翻堆加高温烘干所制，也可能是风化煤粉假冒。此产品几乎没有营养价值。

上清液黄而混浊，DOC 比例高，是长时间较低温堆沤而成，类似农村简易堆肥。此产品不宜用于短期经济作物，尤其是苗期。

上清液分层，是发酵不透，可能危害作物根系。

上清液黄而通透，AOC 比例较高，无害并有较好肥效。

上清液呈浅棕色而通透，AOC 比例很高，无害、肥效高。

"矿泉水瓶鉴别法"适用于生产企业自检和农民对有机肥的判断，其优点是快速、方便。但这种方法是一种定性的判断，不能定量地检测 AOC 含量、有机质含量和氮磷钾养分等。

3.4.2 肥料样品浸出液的种子试验

取有机肥料 100g，兑水 1000g，充分搅拌后静置，抽取出上层液体。备 3 个烧杯，将粗纱布布置杯底，注入肥料浸出液至纱布刚被淹没。在 3 个烧杯中放置 3 种不同的蔬菜种子，烧杯加盖塑料膜防止水分过快蒸发。注意观察杯底液体明显减少时，适时补液至原状。

另外以相同方法做一组清水试验。因不同种子发芽率客观上就有高低，清水试验是该种子发芽率最高的表现。如果浸出液的发芽率是清水发芽率的 90% 以上，就是无害；如果浸出液发芽率比清水发芽率低许多或烂根就是有害。

有机肥料浸出液中的水溶有机质含 DOC 为主，就会抑制种子发芽或使幼芽烂根；水溶有机质含 AOC 为主，不抑制种子发芽也不会造成烂根。可以据此判断有机肥料产品是否充分腐熟无害。

3.4.3　判别浸出液中水溶有机质性质的简易实验方法

判别有机肥料中有机水溶物属于 DOC 还是 AOC，是一个全新的课题，但这却是检查有机肥料产品有害还是无害所不能回避的问题。

在此先简单介绍判别方法，详细原理和操作方法在后续关于有机废水肥料化的章节中作陈述。

第一步：把浸出液在非高温条件下浓缩成含水率（50±2.5)％的浓缩液。

第二步：用指定规格的玻璃管装 200mm 高的水柱。

第三步：用指定规格的滴定管向水柱滴入浓缩液滴。

第四步：液滴接触液面开始用秒表计时，至液滴最下端的物质到达 200mm 线时，记下所用运动时间，计算出 200mm 坠程平均速度。如果平均速度大于"定性点"速度（3.5mm/s），该液滴属于 DOC 液；平均速度小于"定性点"速度，该液滴属于 AOC 液。

当确定肥料样品的浸出液属于 DOC 液，即可判定该有机肥料"不适合"；如浸出液属于 AOC 液，可判定该有机肥料"适合"，即无害，但合不合格还要量化地检测样品的 AOC 含量和其他相关技术指标是否符合规定的技术标准。

3.5　高碳有机肥应用实例

福建省漳州市诏安县西潭村吴某，于 2016 年夏季将 8 亩坡地平整后种菜。平整后生土被翻到表面成了耕作层。看着这些生土吴某犯了愁：全是生土怎么长庄稼？农艺师给他开了个施肥配方：每亩用 2 吨高碳有机肥（AOC 含量 2% 以上），在地表撒施后起垄种辣椒苗，于 2016 年秋季到 2017 年春季，每隔半个月（每摘一批椒）用液态有机碳肥 10kg 兑水进行滴灌，滴灌液还溶入适量氮磷钾肥料。当年他种的辣椒和甜椒平均亩产 1800kg，且椒果色泽鲜艳、果形整齐，成了菜商的抢手货。

2017 年秋季，该翻地再种时，吴某不舍得把富含有机肥的表土翻下去，就决定不翻耕，直接在表层垄面每亩再施 1 吨高碳有机肥，仅用锄头将表层稍作松动，再用液态有机碳肥每亩 10kg 兑 20 倍水泼施于垄面，布好滴灌系统后盖地膜，隔 10 天后种苗，此后仍按上述方法定期通过滴灌系统补充有机碳及无机肥液。这一茬作物长势很好，产量和质量都是一流的。直到 2019 年秋天他连续用"高碳有机肥加免耕法"处理，土壤耕作层都呈疏松状态。该片菜地所种蔬菜每茬都丰收。

从这个案例得到如下启示：高碳有机肥加液态有机碳肥追肥，能使土壤不断改良培肥，可以免翻耕，还能取得农作物的丰收。

3.6 有机肥厂的办厂条件

3.6.1 基础条件

本节讨论的是商品有机肥厂的办厂条件。农户和农场自用的简易堆肥，绝大部分可因地制宜，不在本节讨论之列。商品有机肥厂的办厂基础条件主要有两方面：

一是土地和厂房条件。以使用厂房面积较小的 BFA 工艺而言，商品有机肥年产 1 万吨，需厂房面积约 4000m²，加上配套设施，总建筑面积在 4500m² 以上，用地 10 亩。产量越大，厂房面积按此比例加大，但配套设施和用地面积不必按比例加大，适当加大即可。例如年产 2 万吨，就只需 15～18 亩地。但是有条件的地方土地面积可适当增加，以备产能增加所需。

二是原材料条件。有机肥料是低价值肥料，厂区所在地原材料是否丰富，收集采购成本是否可控，都关系到单位产品毛利率的高低。首先要考察了解主料来源、到厂价。大量统计数据说明，主料如动物鲜粪便、工厂有机废渣、造纸厂黑泥，每吨到厂价超过 350 元就是不可接受的，因为这些物料含水率相当高。还要考虑辅料，辅料可以多种一起用，对辅料的要求是含水率要低，而有机质含量要比较丰富。总辅料量大约占总物料量的 40% 以下较为合适，所有辅料含水率平均不高于 30%，到厂价平均不应高于每吨 300 元。上述辅料不包括必须添加的化肥。

3.6.2　化验检测条件

有机肥厂必须配备最基本的化验设施仪器，能够自行解决以下各指标的检测：含水率、pH 值、有机质、氮养分、磷养分、钾养分。大型工厂还可增加对中微量营养元素的检测，对常见农业微生物和大肠杆菌的检测。至于重金属等建议送有资质的检测中心检测，因为这些指标检测次数很少，而设备和药品购置成本较高。表 3-2 为有机肥料厂常用检测仪器设施。

表 3-2　有机肥料厂常用检测仪器设施

仪器名称	品牌	型号	数量
电热恒温培养箱	新苗	DNP-9052BS-3	1
电热恒温培养箱	赛得力斯	DHP-420BS	1
生化培养箱	力辰科技	SPX-350BE	1
超净工作台	安泰制造	SW-OJ-180	1
烘焙机	达州科技	—9C	1
生物显微镜（新）	凤凰	PH100 系列	1
电热式压力蒸汽灭菌器	新丰	XFH-75CA	1

仪器名称	品牌	型号	数量
手动式压力蒸汽灭菌锅	—	YX-280 型	1
冰箱（两柜）	海尔	BCD-165TG	1
冰箱（一柜）	海尔	BC-50E	1
空调	美的	—	1
空调	格兰仕	KFR-26MG	1
微波炉	格兰仕	TL23-K3	1
电磁炉	九阳		1
数显黏度计	力辰科技	NDJ-8S	1
万能粉碎机	索爱	DFT100	1
智能恒温干燥箱	景迈仪器	DHG 系列	1
大容量摇床	国华	HY-8	1
不锈钢电热蒸馏水器	双哈	DZ. 10	1
全自动凯氏定氮仪	邦忆精密量忆	KDN-520 型	1
恒温消煮仪	海能	Gdys-20	1
天平（0.1）	博途	BT457	1
天平（0.01）	双杰测试仪器	JJ500	1
天平（0.001）	JM	—	1
天平（0.0001）	卓精	BSM 系列	1
电导率仪	康仪仪器	DDS-11A	1
pH 计	仪电科学仪器	PHS-25	1
便捷式溶解氧测定仪	雷磁	JPB-607A	2
叶绿素测定仪	农创	TYS-A 型	1
多参数气体测定仪	卓安仪器	CD4（B）型	1
水浴恒温振荡器	赛得力斯	SHA-0	1
可见分光光度计	精密科学仪器	721	1
紫外可见分光光度计	上海精科	752N	1
离心机（4000r/min）	磁极	800 型	1
真空干燥箱	树立仪器仪表	ZKXF-1 型	1
真空泵（新）	—	AS 26	1

仪器名称	品牌	型号	数量
台式浊度计	力辰	WGZ 1A	1
万用电热炉	—	2000W	2

3.6.3　各类生产技术人员的培养

有机肥料厂生产技术人员及责任如下。

厂长（或经理）：统管全厂人事、生产、销售、生活安全等全盘事务，并与政府部门沟通。

班长（或车间主任）：生产第一线组织者、工艺技术实施者、质量和安全直接责任人。

技术员（或工程师）：必须有农业、肥料的基础知识，负责工艺配方、质量监督、产品应用技术的指导，会操作产品成分检测和应用设备。

化验员：有化验检测的技能，接受过专业培训，能配合技术员完成化验、试验任务。

业务组长：有产品推销能力，熟悉农作物施肥知识，与客户沟通能力强。

有机肥厂有了以上五种技术人员，基本上能达成生产顺畅，经营带动力强劲，就能很快进入盈利模式。

3.7　关于生物有机肥

与普通有机肥比较，生物有机肥增加了微生物成分。一般来说生物有机肥的功效更强、更丰富，因此价值也更高。

一些有机肥厂非常希望把自己的产品升级为生物有机肥，他们首先想到的是用什么菌种可以把有机肥发酵成生物有机肥，使肥料中功能微生物达到国家标准 NY884—2012（2×10^7 个/克）。但这是不切实际的，因为有机肥料制造过程必须经过物料的无害化即高温腐熟过程，而培养微生物到达每克几千万甚至几亿是要在严格的适温（32℃左右）环境中进行的。这就决定了有机肥厂不可能鱼和熊掌兼得，其任务首先应是扎扎实实地把合格有机肥制造出来。

　　有了合格的有机肥，再在包装线的前端加入适当的微生物菌剂，包装出来的肥料便是生物有机肥了。现今专门制造农业微生物的厂家很多，竞争激烈，所以农业微生物菌剂的价格一直呈下降趋势。理论上在 1t 有机肥中加入 1kg 达到 2×10^{10} 个/克菌数的微生物菌剂就能达到生物有机肥的指标，但考虑到微生物在有效期内的死亡率，建议每吨加入 2kg。而 2kg 2×10^{10} 个/克菌数的农业微生物菌剂，目前市面价格仅 40 元左右。

　　常常有农户反映：用了某种生物有机肥效果看不出来。多年来生物有机肥市场一直不温不火，根本原因就是效果不明显。究竟问题出在哪里呢？给生物有机肥打底的有机肥如果是由"好氧菌高温发酵—多次翻堆—高温烘干"工艺制造出来的，它所含的 AOC 很少，微生物被施到土壤里，而这种土壤又比较贫瘠无碳（养分）可用，这些微生物得不到繁殖所需的能量，只好"罢工"。这就是某些生物有机肥效果差的原因。

　　有机肥料产品不是检验合格就是好产品，必须由用户使用出相应的效果才是好产品，对于有机肥和生物有机肥来说，肥料产品中是否含有一定量的 AOC，至关重要。

第**4**章
秸秆还田和有机垃圾简易堆肥技术

4.1 秸秆还田的重要性

如前所述，农业的可持续发展依赖养地和再造土壤，其内涵就是把植物积累的太阳能以有机质的形式返还土地，这叫做养地，而对贫瘠耕地来说就是再造土壤。因为土壤和生土（或贫瘠土）的主要区别就是有机质含量的差异。

根据我国目前耕地情况，合理的能使耕地有机质含量逐年有所提升的措施，就是每年有几十亿吨有机肥下地。这么庞大的数量单靠工厂化生产有机肥是办不到的，也是不经济的。必须实行多种形式的有机物转化，其中关键的、最经济可行的就是非商品化的秸秆还田，以及随时随地可实行的有机垃圾简易堆肥。

据不完全统计，我国农业每年产生 8 亿吨秸秆，如果再算上林业废物、果树修剪的枝叶、农产品加工的下脚料、生活垃圾中的有机垃圾，这个数字还会更大。上述这类废弃有机物转化为可以下地的有机肥，就是农业物质循环工程的一大部分，相当于每年产生近 10 亿吨的有机肥。如果每亩耕地有 2 吨秸秆还田，就相当于土壤有机质含量增加 0.35%，在补充当年农作物种植造成土壤有机质的消耗外，还可使土壤有机质含量提高 0.3%。坚持秸秆还田 10 年，耕地有机质含量便可以达到 4% 以上，便可能达到良田沃土的标准。

秸秆中除主要含有机碳外，还含有一定比例的矿物质元素，尤其是宝贵的中微量元素。人们常常不了解种植的农作物缺什么中微量元素，不少农民随意给农作物施中微量元素肥，却不知道是否起了作用。秸秆中含有中微量元素，而且是充分有机化的，农作物容易吸收，这些养分非常宝贵。笔者有几位农民朋友，他们依照我们的简易秸秆还田操作方法，多年来坚持秸秆还田，土地越种越肥，原来板结土壤常发生的土传病害不再出现了，化肥和农药的用量也明显减少了。

事实证明：秸秆还田既能解决作物秸秆无处堆放的问题，使农业环境整洁文明，还能改良土壤，节省用肥成本，同时又能提升作物的品质，增加产量。所以秸秆还田应是一个现代农民的必备技能。

有一种担忧：秸秆还田会把附着在秸秆上的病虫害留在土壤中。这种担忧是因为不了解秸秆科学还田（合理腐解）后给土壤生态带来的一系列积极变化，而且秸秆还田后种植的作物一般都是另一类作物，不容易感染上茬作物的病害。

4.2　秸秆就地还田

秸秆就地还田适用于小麦、玉米、水稻、有机械耕作条件的蔗园，连片大面积的蔬菜，大棚种植，大面积马铃薯、萝卜、胡萝卜以及其他类似情况。

秸秆就地还田应具备的条件：一是环境温度在 20℃ 以上；二是土壤湿度（含水率）较合适，最好在 40%～50%，如果湿度不够，可对打碎的秸秆喷水；三是必须使用带碳养分的腐解菌剂，例如生物腐植酸（BFA）、含胞外多糖的芽孢杆菌复合菌剂，以保证秸秆在 10～12 天内基本腐解。

秸秆就地还田的操作方法：先将直立的秸秆用适合的拖拉机切成碎块，散布于地面，并在其上撒施腐解菌剂。BFA 用量为每亩 15～20kg，可直接撒施，也可兑 100 倍水洒施。其他菌剂参照产品使用说明。之后用旋耕（翻耕）机将碎秸秆翻压入土，应尽量使物料处在地面 10cm 以下（图 4-1）。

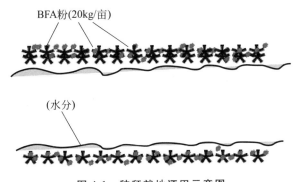

图 4-1　秸秆就地还田示意图

由于作物秸秆以纤维素和木质素为主，碳氮比太高，为了使腐解顺利和避免土壤氮贫乏，可用尿素（每亩 15kg）或碳铵（每亩 30kg），兑水泼施（或干撒）在秸秆上，随菌剂一起翻耕入土。注意不可将菌剂与氮肥一起兑水。

在《有机碳肥知识问答》一书中，介绍过果树剪枝就地还田的办法：建造果园株间"肥水坑"[3]（图 4-2）。株间挖 70cm 深坑，将果园每年修剪的大量枝条，加上地面杂草灌木，埋入坑内，压上一层混有腐熟剂（有机肥发酵剂）的有机肥，再覆土埋实。这个坑就成了源源不断向果树提供有机碳养分和水源的"聚宝盆"。

这种株间"肥水坑"起着积肥和贮水的双重功效，果树的根系会逐渐向坑边延伸。几个月后挖开一个坑观察，坑边能见到白花花的新根。图 4-2 中空白坑表示当年不挖，次年才挖，每棵树两侧的坑每年各用一侧。

(当年坑位)　　　　(明年坑位)　　　　(当年坑位)

图 4-2　果园株间"肥水坑"

4.3　作物秸秆建堆（垛）简易发酵后就地还田

秸秆建堆（垛）简易发酵还田技术适用于北方秋后大田作物秸秆、棉花秆、果园修剪枝叶、果菜集中粗加工的下脚料、水葫芦处理等。操作方法如下：先将秸秆集中用破碎机打成碎块，铺一层 10～15cm 厚碎秸秆，在其上撒 BFA 腐解剂，上面再铺一层 3～5cm 厚畜禽粪便。这是一层（约 13～18cm 高），如此往上再建十几层，形成 2.5m 高以上的半球形堆或截面半圆形长条垛。要根据秸秆含水量判断是否喷水。如果较干燥，应在每小层铺置秸秆时洒适量水。待堆（垛）码好，就在其表面覆盖一层塑料膜。北方地区应在塑料膜内衬一层稻草帘，如此即使堆外气温降到−30～−20℃，堆（垛）内仍然热气腾腾。翌年春天揭开塑料膜，便是一堆热烘烘的有机肥（图 4-3）。

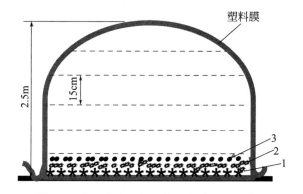

图 4-3　秸秆建堆（垛）简易发酵还田示意图
1—碎秸秆 10～15cm；2—BFA 液（撒泼）；3—粗制有机肥或粪便 3～5cm

　　果园的修剪树枝树叶，可用破碎机将枝条打切成小碎块，与畜禽粪便混合，或一层碎枝叶一层粪便，每层撒 BFA 发酵剂建堆。建堆时切记管控好含水率，太干发酵不起来。另外由于物料木质素含量高，发酵时间要超过 40 天。如果方便得到沼液，用沼液来湿润发酵料效果更佳。

　　某市秸秆田间堆肥试验方案如下：

　　(1) 总方案　用玉米秸秆干品 22t，生猪粪 18t。以 BFA 发酵菌剂 200kg 为腐熟剂。在田间建混合发酵堆，经 25 天以上（时间更长不限）堆制，成为可直接施于农田的粗制有机肥。本方案拟建长约 12m、宽约 3m、高 2m 的静态发酵堆，如图 4-4 所示。

　　(2) 物料要求　干玉米秸秆 22t，使用秸秆破碎机将其打成小于 2cm 的碎块，堆制前喷水润湿，以手捏不出水但手感湿润为宜。喷湿秸秆的水中每吨预先溶入 10kg 尿素或 20kg 碳铵。

　　生猪粪 18t，含水率在 65%～70%，以运输不流淌液体为限。

　　(3) 堆制办法　总共分 10 层，每层由下层秸秆、上层猪粪组成，下层秸秆 15cm，上层猪粪 5cm。堆的最上层表面撒一薄层秸秆，如图 4-5 所示。

　　建堆过程每层的下层秸秆撒 10kg BFA 粉，上层猪粪也撒 10kg BFA 粉。

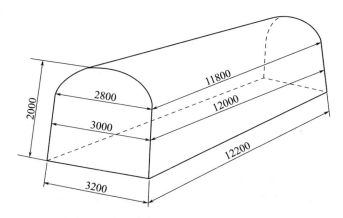

图 4-4　物料静态发酵堆外形图（单位：mm）

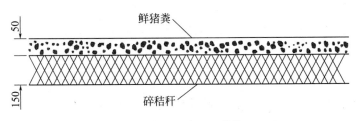

图 4-5　物料堆制示意图（单位：mm）

（4）**保温**　在环境温度低于 20℃的情况下，微生物活动趋于微弱，会使腐熟时间延长甚至导致物料温度无法上升，所以秋后冬季堆制必须十分注意保温。建议采取如下措施：

①田间堆制时，秸秆碎料应事先备好，在晴天午后气温较高时堆制。凡是秸秆层都应适当拍压，勿使缝隙过大。

②准备透气性保温盖毯，例如厚稻草帘或旧棉被。在料堆建好后，先以保温透气的盖毯将物料堆严密封盖，然后用塑料编织布或较厚农膜封盖外表，并将四周用泥土压实，勿使风吹掀开。

③堆制应在一天内一气呵成，不可隔日，所以堆制前要备好物料、工具、机械、保温材料，组织者要制定施工细则和人员分工。

（5）**监测和鉴别**　堆制和封盖完毕后，应在适当位置插入 1 支电子显示温度计，在前 15 天内每天监测记录 2 次温度。如果物料温度达到 60℃以上并保持 7 天以上，即为合理。温度计应插入物料 50cm 左右，棒端不可触底。

如果料堆温度曲线显示最高温度在 60℃～70℃ 且能保持 7 天以上，即为腐熟成功。不必急于打开，可在 25 天左右取一次样品，40 天左右再取一次样品，如样品味道不臭且秸秆碎块手感绵柔，即为可用的堆肥了。

（6）使用　在开春翻耕土地时，每亩以 2t 本产品作农作物基肥，则本茬农作物不需再施用其他有机肥了。

有条件的地方应尽可能实行秸秆建堆（垛）发酵还田，因为这种方式可获得的肥效比就地翻耕还田更好。

4.4　农庄或家庭的有机下脚料及厨余的肥料化

农庄的农产品粗加工下脚料、社区或家庭的厨余垃圾，每天都在形成，但很难一次性集中建堆，可以用如下办法。

在干燥、无地下水之处挖坑，或者用砖砌发酵槽（图 4-6），或者用木板建制大发酵桶。将上述废弃物铺在容器里，用水兑 BFA（或其他菌剂）泼洒其上，随后用废棉垫盖上保温；下一次再揭去棉垫，按如上方法堆制一层，盖回棉垫。如此一次一层，直到 1.5～2m 高，盖好棉垫堆沤 15～20 天，揭开刨出来即可当有机肥料用。废弃物每天都有时，可建两个容器，一个堆满了，开始在第二个建堆，第二个堆满了，第一个已可开堆再建，轮番堆料、出料，就可持续处理废弃物了。总量比较大的容器，必须有一面墙是可打开的，方便操作，同时还应考虑料堆适当透气，以利微生物活动。

注意事项：①物料含水率要控制好。湿料（如烂菜叶、果皮等）不可再加水，发酵剂兑水尽量少，能洒得开就行；如果干料（干秸秆、树叶、杂草）多，应适当洒水，或加大发酵剂兑水倍数。②适当通气。务必在各面固定墙与地板之间留一排通气孔，并在槽底垫粗秸秆或一层 5cm 左右的木枝条，垫料之上放置一张细孔尼龙网。活动闸板插入位置

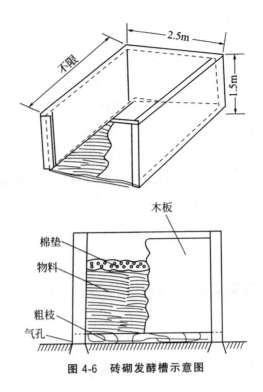

图 4-6　砖砌发酵槽示意图

应距离地面5cm。③保温。每次铺料后，最上面必须覆盖透气性保温物料，如旧棉垫之类。④尽量收集畜禽粪加入建堆。

如何判断是否堆沤成功呢？可掀开表面保温垫，将温度计插入40～50cm，如温度达到60℃左右即为发酵顺利。最上层物料已进槽10～15天，即可开堆，将发酵料直接用作农作物基肥，也可散施于农田，用旋耕机翻压入土。

北方地区寒冬时节，可在砖槽墙外堆放稻草束，然后用厚塑料膜将之包裹捆绑，减缓墙体散热。

4.5　果园、茶园绿肥作物还田

果树、茶树都是多年生植物，土地不进行大面积翻耕，最适宜种植绿肥作物。绿肥作物可压制杂草、分散害虫的危害，还可为土壤提供有机质，豆科绿肥作物还可为土壤补充有机氮养分。所以种植绿肥作物对防止土壤板结、保水保肥、减少化学农药的应用等都有显著作用。

绿肥作物较常见的有豆科作物紫云英、苜蓿、草木犀、猪屎豆、田菁、蚕豆、苕子、紫穗槐等，非豆科作物肥田萝卜、三叶菜、荞麦等，还可以将大量繁殖的水花生、水葫芦、水浮莲收集来作绿肥。

绿肥作物的利用要因地制宜，可采取就地翻压入土或集中建堆腐熟后还田两种方法。为了使绿肥作物加快腐解，提高肥效，应注意腐解菌剂的选择和氮肥的配合使用。

4.6 香蕉种植片区蕉秆的处理

在广东、广西、云南、海南等地，香蕉大面积种植区每年都有大批废弃蕉秆，容易腐臭还妨碍耕作，逐渐演变成局部生态灾难。香蕉秆又长又粗又重，晒不干，埋不了，很难处理。但香蕉的用肥量非常大，一株香蕉有一大半重量在蕉秆，可见蕉秆也贮存有大量植物营养物质。据检测，香蕉秆含水率约95%，含DOC约1%，N约0.1%，K_2O约0.25%（磷极少），其植物营养成分浓度与养殖场沼液差不多。回收处理得好，就为香蕉种植增加了新的肥源；回收利用得不好不但消除不了蕉秆污染，还可能给香蕉带来肥害。在此提出香蕉大面积种植区蕉秆回收利用思路，如图4-7所示。

由于蕉秆中固体料经过充分发酵，液体料经过微生物分解都达到腐熟和小分子化，即DOC转化为AOC，所产生的有机肥和有机营养液都无害并且都是优质肥料。

每个香蕉种植大片区，都可以办一个"蕉秆变肥"的加工场，这是一个解决香蕉种植难题的物质循环项目，将使香蕉园少用化肥，不外购有机肥，并且土壤能持续得到改良。

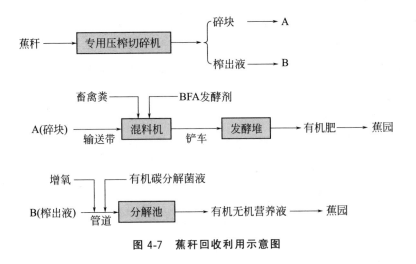

图 4-7　蕉秆回收利用示意图

香蕉种植区常常是几万亩甚至十几万亩连片，其中会包括多家种植园主，怎么让他们自觉地把香蕉秆集中到加工场来呢？最好是采取"以秆换肥"的办法，每家园主送来香蕉秆，拉回有机肥，并按一定的价位给加工场补贴。这样每家园主可以获得很便宜的有机肥，而香蕉秆加工场又有基本的利润能维持运作。香蕉秆榨出液经分解成无害的有机碳营养液，可用管道输送到附近的香蕉园，进入滴灌系统。如此香蕉种植大片区香蕉秆成灾的"顽疾"便可一扫而光，并实现香蕉施肥有机、无机平衡的常态化，带来土壤改良、消减土传病害、产量提高、品质提升等一系列良性发展。

4.7　规模菜区和果蔬集散地尾菜废果的处理

每处规模菜区和果蔬集散地尾菜废果常常每日数以十吨、百吨计，不及时处理必然造成严重防染，但无论是旧式的填埋还是堆肥，都不能解决问题。粗略地分析这些废弃物的特点：一是含水量大，尾菜平均含水率 90％，废果也在 85％ 以上，而且其性状复杂，这就决定了直接用它作堆肥原料是行不通的；二是易烂易臭，必须及时处置；三是营养成分丰富，有相当的肥料价值。根据以上特点，就可以制定对其处置办法了，这就是集中进行工业化肥料化加工。具体有两种方案。

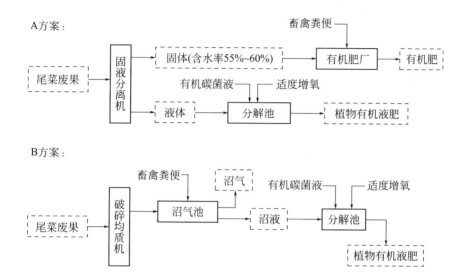

两种方案如何选择，取决于加工企业的主要生产目标：以生产有机肥为主要目标，应选择 A 方案；以生产生物天然气为主要目标，应选择 B 方案。本节对液体（包括沼液）分解为植物有机液肥，仅仅介绍一种技术路线，具体的工艺方法和生产流程请参见 5.3 节。

不论是 A 方案还是 B 方案，都可保证对大量尾菜废果进行及时的、全部的肥料化转化。植物有机液肥适用于蔬菜果园的滴灌，也可以输送到湿地种牧草，到养殖塘养鱼虾蟹。

4.8　坚持秸秆还田的案例

在广东梅州和福建平和不约而同出现了一种简易的种养结合模式。

承包山地种蜜柚的农户自己无暇养猪，便把自家果园上方山顶的土地无偿借给养猪户。农户把秸秆和果树枝叶破碎后与猪粪分层叠，再在猪粪层上撒 BFA 粉，这样每天分 2～4 层叠起来，再用塑料布盖好。第二天揭开再建几层，建好再盖塑料布，如此十几天下来就建起了一个高 2.5m 左右的发酵堆了。后面运来的猪粪便在旁边另建一堆，直到高度达 2m 多，先前那一堆也腐熟可以使用（非施肥季节则移去高堆陈化焖干）。猪场的污水则引入两个池，一空一盈，轮流灌入 3kg/m³ 有机碳菌液（或 BFA 粉）进行分解，十几日后抽排到果园，平均每棵果树每个月浇一次，完全不用担心天旱。

这两个蜜柚园分别是梅州和平和著名的"有机柚"产地，柚果外观均匀净靓，肉质细软甜度高，风味十足，售价总是当地最高。而当地其他果园树体早衰、果肉木质化和裂果等现象，在这两个果园就没有发生。当地经验丰富的老农认为：那些柚子树黄黄的，叶片没有光泽，属于早衰树，挂果不出十年就得砍掉，而像这种与猪场"共生"的柚子树，挂果三十年都没问题。

2015 年秋季，福建诏安县一种植大户在 100 亩青花菜中应用"有机碳肥＋化肥"模式，取得了好收成。菜花采摘完，就用 BFA 粉（每亩 20kg）撒在菜地，后用旋耕机将菜地下脚料全部翻耕入土。2016 年该片农田改种早稻，没再施任何肥料，与此同时还承包了另一块农田种早稻，因新承包田没有秸秆还田，每亩总共施复合肥 40kg。图 4-8 是两种种植方式下早稻长势对比。据老农观察测算：秸秆还田稻比"化肥稻"每亩最少增产 150kg。

图 4-8 秸秆还田稻与"化肥稻"长势对比

大棚种植收获后，留下大量秸秆，诏安县大棚种植户吴先生从2011 年开始，坚持秸秆就地还田，不但节省了搬运秸秆的人工费，还基本上不再购买商品有机肥，而且效果一年比一年好，农产品年年增收，他种的果菜已成了上海果菜批发市场的抢手货。其土壤质量检测指标也是一年比一年好。他经营了 80 亩种植大棚，2011 年 12 月开始坚持就地秸秆还田，几种动态数据如表 4-1 所示。

表 4-1　秸秆还田后耕地质量动态数据

检测项目 ＼ 时间	2011 年 12 月	2012 年 12 月	2015 年 12 月	2017 年 12 月
土壤有机质含量/%	1.8	2.0	2.7	3.2
土壤容重(即疏松度)/(g/cm^3)	1.7	1.6	1.4	1.3
土壤含微生物总量(测优势菌)/(个/克)	2×10^5	6×10^5	8×10^6	2×10^7
每茬每亩施商品有机肥/kg	800	500	300	300
同品种西红柿每茬每亩产量/kg	5620	6418	9976	11830
西红柿含糖率(干基)/%	3.9	4.1	4.6	5.0

注：2011～2017 年之间未录入的年份未种植西红柿，但秸秆还田仍坚持。

由上表可见，坚持就地秸秆还田，大棚土壤质量一年比一年好，同样农作物 6 年后的亩产比当初翻了一番，农产品质量提高了一个档次。

第5章
有机废水和粪污的肥料化技术

5.1 有机废水的分类

　　有机废水指固形物中主要成分是有机质的各类废水。例如食品（糖、淀粉、酒精、味精、酵母）加工产生的废水，居民区排放的化粪池水、畜禽养殖业排放的粪污水、垃圾填埋场渗滤液、造纸厂排放的黑液，等等。

　　有机废水对环境产生的污染主要由 DOC 引发。DOC 在土壤中大量积聚，致使土壤缺氧，农作物烂根，也造成发臭。当 DOC 大量涌入水体中，就引发水体缺氧，也即 COD（化学需氧量）超标，水生植物死亡，水中浮游生物缺氧也大批死亡，从而致使水体失去正常新陈代谢和自我修复机能，变成死水、臭水，引发水产养殖业和水环境的灾难。所谓水体富营养化就是大量 DOC 引起 COD 严重超标现象，水体"消化不良"了。

　　从有机废水利用转化的角度看，有机废水以有机质含量为标准，可分为高浓度有机废水（其 OM 含量在 10% 以上），低浓度有机废水（其 OM 含量在 5% 以下）；中浓度有机废水（其 OM 含量在 5%～10%）。从技术可行性和经济可行性出发，应该根据这种分类，对有机废水实行不同的处理方法。

5.2　高浓度有机废水的处理与利用

食品加工废水量大，OM 含量高，直接排放或建个大厌氧池处理都不可能。把 OM 含量从 5% 以上提高到 30% 左右，其体积去掉了约 80%，便产生了浓缩有机废液，便于存放和后续运输处理。在 2003 年之前，人们对浓缩有机废液的处理方法是：

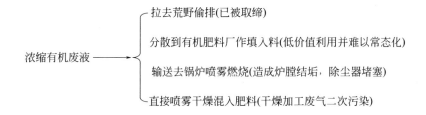

浓缩有机废液 → 拉去荒野偷排(已被取缔)
分散到有机肥料厂作填入料(低价值利用并难以常态化)
输送去锅炉喷雾燃烧(造成炉膛结垢，除尘器堵塞)
直接喷雾干燥混入肥料(干燥加工废气二次污染)

这里要指出的是，国内个别大型食品加工厂把浓缩有机废液直接与氮磷钾等无机养分混溶后喷雾干燥，当"有机无机复混肥"销售。开始用的农田，见到不错的效果。但是当地许多农田多年连续使用，就尝到苦果了：农作物根系衰败，植株发黄。其原因是浓缩液中的有机质以 DOC 的形态存在，DOC 在土壤中积累而引发了局部生态灾难。

2003 年，笔者研究团队成功地研发出对浓缩有机废液进行裂解，生产出高浓度液态有机碳肥的工艺。此成果在《生物腐植酸肥料生产与应用》一书发表后，一些单位仿照此工艺，陆续开始以浓缩有机废液为原料生产各种有机液体肥。这使大量浓缩有机废液肥料化技术逐渐走向通途。

通过多年的探索，笔者研究团队还成功研发了应用高能物理技术，将浓缩有机废液中的 DOC 碎解成 AOC 的工艺，从而把浓缩有机废液肥料化推向更高的水平。

高浓度有机废液开发出来的液态有机碳肥，具有良好的植物有机营养特性，表现如下：

① 安全性。开发十几年来，应用于几百万亩农作物没有出现一例伤苗事件。

② 植物有机营养的浓缩品。其单位质量产品 AOC 含量是普通商品有机肥的 20 倍左右，这就使它具备了速效性和精品特性，单位面积用量少，每茬农作物每亩用 $10\sim30kg$，可替代有机肥。这也就把该产品的价值提升到普通有机肥的 20 倍以上，即每吨价值为 1.5 万～2.0 万元。因此从运输成本角度看，液态有机碳肥是可以"走的最远"的有机肥料。

③ 是微生物的营养和能源。由此拓展出培养土壤微生物、松土促根改良土壤和培育生物多样性的功能。

④ 液态有机碳肥与所有无机营养元素都有良好的相容性，即使以硬水为溶剂也不会出现絮凝，所以它是化肥的最佳伴侣。与纯化肥"水溶肥"相比，加入适量液态有机碳肥后，不但提高了化肥利用率，还大大提升了作物产量和质量。

⑤ 液态有机碳肥水溶性极好，可以兑水进入管道输送，为各类设施农业解决了植物有机养分缺位的重大难题，为设施农业种出高产有机食品提供了保障。

5.3　低浓度有机废水的处理与利用

5.3.1　低浓度有机废水的处理现状

低浓度有机废水是指有机质含量小于 5％的有机废水，例如沼液，这是我们日常随处可见的最大量也是污染面最大的有机废水。对这种废水有人曾经想通过浓缩，以小体积高浓度再处理，但是浓缩设备的高投入和高能耗，使这种设想碰了壁。于是出现了两种对这类有机废水的误解。

误解一：沼液是有机物经厌氧分解的水溶物，可以作肥料。事实证明这是错的。沼液多次灌溉，积累成有机污染，致使农田被毁。大批养殖场沼液造成的农业面源污染触目惊心，而许多新兴的以沼气为能源的公司，也面临大量沼液无处排的窘境。

误解二：沼液 COD 太高，把 COD 降下来，达标就可以排放。这是目前对沼液、化粪池水和垃圾渗滤液处理的主流技术。这种"处理—达标—排放"的环保处理模式，占地面积大、设备投入大，耗能严重。不但没能从中得到任何价值，还向大气中排放大量 CO_2。而所谓"达标"往往是表面现象，因为不断排放的"达标"就可能积累成超标，所以这实际上是把污染物从产生单位转移给社会。

可叹的是，目前社会上主流的解决方案仍然是在重复上述两种误解。当然有些地方还是有所改良：既不"处理—达标—排放"，也不直接排和偷排，而是取这两者折中的方法——大氧化塘贮存，长时间自然氧化，实质上是使臭味降下来，再伺机排放。有的在氧化塘下游再造几级塘，用水葫芦等耐受植物来吸收，再行排放。这种方法还是有臭味和污水排放，且占地面积极大。例如一个存栏 5 万头猪的猪场，以三个月为最短贮存时间，必须建两个 10 万立方米的大氧化塘（一个贮、一个灌）。不计算管道系统，仅 20 万立方米大塘投资就达 2000 万元以上，占地约 7 万平方米，这在许多地方都是不可行的。另一方面，大面积养殖污水暴露在开放空间，其刺鼻的臭味造成严重污染，在现今严格的环保政策下是不允许的。

除此以外，还出现以下几种盲目性的解决办法：

① 有一种消纳沼液的模式：生物发酵床法，就是把每天产生的沼液喷洒到秸秆粉或木屑上，再拌入以发酵菌剂，通过安装在轨道上的翻料机 2～3 天翻动一次，让其物料发酵升温，蒸发掉大部分水分，逐渐沤成有机肥。这种处理由于料温很难超过 60℃，所以一般一槽料要经

过 20～30 天才能发酵完成，冬季时间更长。对于大中型养猪场来说，需要建多达十余个巨型发酵槽，占地面积大，投资大，而且发酵区域及附近臭气很大，因此逐渐不被应用。

② 生活区化粪池水，一般都是任其流入河沟和湿地，这是农村环境重要的污染源，而城市则直接输送到污水处理厂占用大量场地。

③ 垃圾渗滤液是城镇垃圾填埋场底层渗出的棕黄色液体，发出强烈的腐臭味，对环境污染很严重。现行处理技术是一罐车一罐车地拉到污水处理厂区，这给本已不堪重负的污水处理厂增加了更大的压力。

综上所述，必须针对低浓度有机废水找到一条无害化、肥料化、低投资、低能耗的新路。在解决这个问题之前，必须先了解低浓度有机废水产生危害的原因。

5.3.2 以沼液为例分析低浓度有机废水的形成及其产生危害的原因

沼液的形成过程如下：

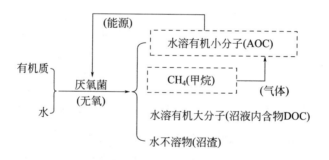

从以上过程可见：沼液内含物就是水溶有机大分子（DOC）。

由此可知，沼液危害农作物的三大原因：

①无氧沼液挤占土壤氧气的空间，使土壤缺氧，如图 5-1 所示。

② 微生物分解大量的水溶有机大分子，耗氧量大，加重土壤缺氧。

③ 水溶有机大分子堵塞植物根毛吸收孔，使农作物更缺氧。

后果：土壤严重缺氧，微生物群系恶化，农作物衰竭。

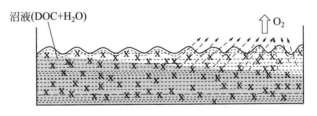

沼液(DOC+H₂O)

图 5-1 沼液使土壤缺氧

5.3.3 沼液（垃圾渗滤液、化粪池水）的出路——肥料化

如前所述，沼液形成过程已耗尽了自身产生的 AOC，剩下不能被厌氧菌利用的 DOC，这是造成沼液等低浓度有机废水为害的根源。而 DOC 在微氧条件下又可以被微生物分解成 AOC，就成为植物有机营养液了。其分解转化原理如图 5-2、图 5-3。

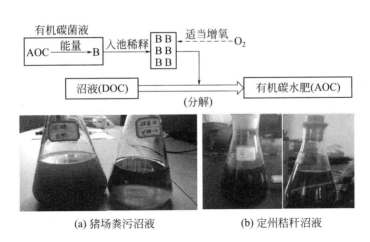

(a) 猪场粪污沼液　　　　　(b) 定州秸秆沼液

图 5-2 沼液与分解液对比

沼液经分解后，最大的变化是由有臭味变为无臭，液体颜色由暗灰变为橙色或棕色，透光性强。

增氧涵是一个简单的装置，就是使泵来沼液借助冲击力打到一块斜板，使液体呈散雾状跌落分解池，或流入管道再入分解池。这样可使无

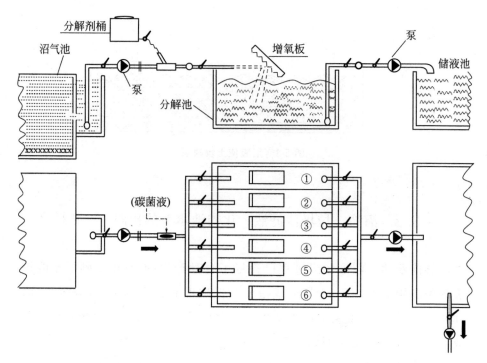

图 5-3　沼液（垃圾渗滤液、化粪池水）分解系统示意图

氧沼液瞬间溶解氧达到 $4\sim6mg/L$，保证 DOC 分解到 AOC 的微生物需氧量，但又不造成对 AOC 再强烈的氧化（成 CO_2）。

增氧涵因地制宜，其安装位置可在分解池前，也可在分解池液面上方，以下是一个大型分解池增氧涵的结构图（图 5-4）。

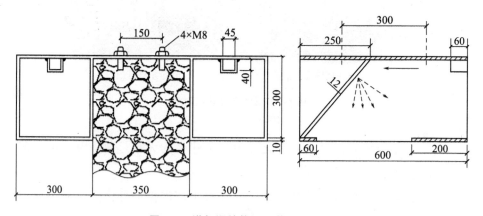

图 5-4　增氧涵结构图（单位：mm）

图 5-5 为某企业沼液分解池和管道系统布置情况，不规则外形是因场地而设计。

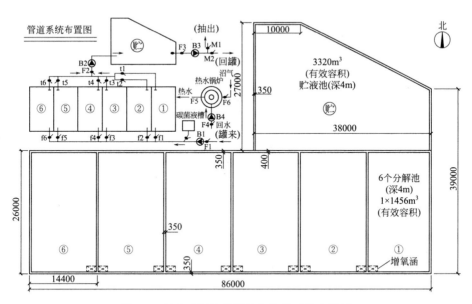

图 5-5　某企业沼液分解池和管道系统布置图

北方地区为保证寒冷季节沼液分解的正常进行，要在每个分解池底铺设热水管道（图 5-6），热水由沼气为燃料的普通热水锅炉供给。

沼液分解系统自动控制和电控线路如图 5-7、图 5-8 所示。

每池沼液经过 11～12 天有机碳菌的分解，内含物发生了巨大的变化，并由暗灰色变成浅棕色。沼液及其分解液的各项指标如表 5-1 所示。

表 5-1　典型沼液及其分解液各项指标明细

| | 样品 a | | 样品 b | | 样品 c | |
	沼液	分解液	沼液	分解液	沼液	分解液
含水量/%	99.35	99.40	98.76	98.82	97.60	97.52
pH	7.08	7.35	7.06	7.34	7.96	8.02
有机质含量/%	0.41	0.38	0.97	0.91	2.00	1.93

	样品 a		样品 b		样品 c	
	沼液	分解液	沼液	分解液	沼液	分解液
AOC/%	—	0.13	—	0.30	—	0.63
N%	0.03	0.03	0.06	0.04	0.10	0.08
P_2O_5/%	0.02	0.02	0.04	0.04	0.12	0.12
K_2O/%	0.02	0.02	0.04	0.04	0.10	0.10
含氧量/(mg/L)	0.4	5.4	0.8	4.6	0	4.2
电导率/(mS/cm)	4.87	3.91	5.42	4.37	12.84	10.55
CH_4/%	2.13	0.01	3.80	0.02	>4.00	0.03
H_2S/(mg/L)	0.4	—	0.5	—	8.6	—
NH_3/(mg/L)	3.8	0.4	5.1	0.5	>10	0.6
液色	浅灰	浅粉	青灰	浅棕	暗灰	暗红

注：样品 a 是干捡粪猪场的沼液；b 是水冲粪猪场的沼液；c 是某生物质沼气企业的沼液。

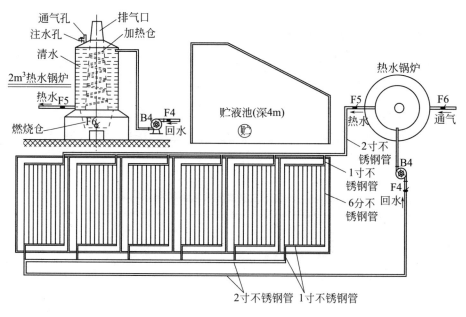

图 5-6　热水系统图（1 寸≈3.33cm，1 分≈0.333cm）

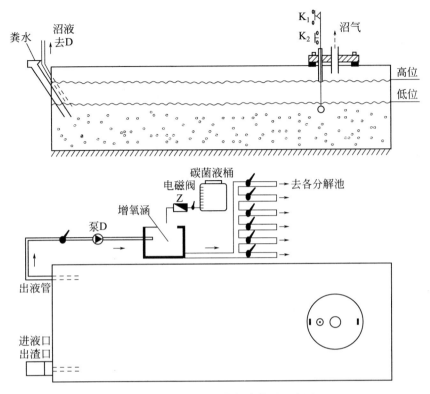

图 5-7　沼液分解系统自动控制示意图

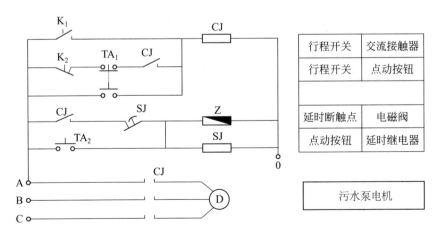

行程开关	交流接触器
行程开关	点动按钮
延时断触点	电磁阀
点动按钮	延时继电器

污水泵电机

图 5-8　沼液分解系统电控线路图

由表5-1可分析出如下要点：

① 沼液几乎测不出AOC，而分解液能测出AOC，说明沼液中的水溶有机质的形态是DOC。

② 分解液中AOC的含量大体是其有机质含量的三分之一；有机质含量越高，其分解液的有机肥效越高，两者呈正比例的关系；但太浓的分解液使用时应适当用水稀释。

③ 沼液分解后，N含量稍有下降，而P_2O_5合K_2O养分都没损失。

④ 沼液中含有较浓的有害气体，而分解液中几乎测不出有害气体，所以沼液的分解液无臭味。

⑤ 沼液的含氧量（即溶解氧）非常低，好氧微生物无法存活，但分解液的含氧量就与流动水体中的含氧量相近，这就是沼液对环境生物有害而分解液对环境生物无害的重要原因。

⑥ 根据以上三种典型沼液及其分解液的数据，可以分析计算出它们的肥料价值：

样品a：AOC含量0.13%，$(N+P_2O_5+K_2O)=0.07\%$

以1t分解液计，其有机肥效约等于100kg普通商品有机肥。100kg有机肥含$(N+P_2O_5+K_2O)$5kg，而此分解液1吨含无机养分0.7kg，这一部分的差额为4.3kg（价值约为26元）。

1t分解液价值＝100kg有机肥价值—26元＝80元—26元＝54元

样品b：AOC含量0.3%，$(N+P_2O_5+K_2O)=0.12\%$

以1t分解液计，其有机肥效约等于200kg普通商品有机肥。200kg有机肥含$(N+P_2O_5+K_2O)$10kg，而此分解液1t仅含无机养分1.2kg，这一部分的差额为8.8kg（价值约为53元）。

1t分解液价值＝200kg有机肥价值—53元＝107元

样品c：AOC含量0.63%，$(N+P_2O_5+K_2O)=0.3\%$

以1t分解液计，其有机肥效约等于400kg普通商品有机肥。400kg有机肥含$(N+P_2O_5+K_2O)$20kg，而此分解液1t仅含无机养分3kg，这一部分的差额为17kg（价值约为100元）。

1t分解液价值＝400kg有机肥价值—100元＝220元

以上三个样品肥料价值的演算方法，是假定商品有机肥（AOC含量<1.5%）每吨售价 800 元，而每吨肥料每含 1% 无机养分价值为60 元。

因为沼液（分解液）浓度千差万别，不可能以一个指标定其价值，必须因地因场检测出 AOC 和（N+P$_2$O$_5$+K$_2$O）值，与以上假定值比较后计算出来。

沼液分解成为的有机营养液如何应用，是大家十分关心的话题。沼液分解液被利用的肥效物质是 AOC 和 N、P、K 等元素的无机养分。而 AOC 的检测方法目前还没有通用而权威的标准，因此建议用如下判据作依据：

① 经分解后，沼液的颜色由灰色（或暗灰色）转变为浅棕色（或暗红色）；

② 由沼液的刺鼻臭味变为无臭或略带氨基酸的酸味。

③ 在盆栽蔬菜对比应用中，沼液致蔬菜发黄甚至死亡，而分解液使蔬菜长势比清水（对比）的长势更好。

在符合以上三点后，分解液可当作植物有机营养液用，但用量要因浓度（以有机质含量为指标）而异，见表5-2。

表 5-2 沼液分解液应用规范一览表

有机质含量	大田作物/[吨/（亩·次）]	牧草/[吨/（亩·次）]	果园/[吨/（亩·次）]	经济作物/[吨/（亩·次）]	无土栽培/[吨/（亩·次）]	水产养殖/[吨/（亩·米·次）]
0.3%～0.5%	5～8	7～10	8～10	4～5	2～3	1～2
0.5%～1.0%	3～5	4～6	5～8	2～4	1.5～2	0.5～1
1.0%～1.5%	2～3	3～5	4～6	1.5～2	1～1.5	0.4～0.5
1.5%～2.0%	1.5～2	2～3	3～5	1～1.5	0.5～1	0.3～0.4
2.0%～2.5%	1～1.5	1.5～2	2～3	0.5～1	0.2～0.5	0.2～0.3

注：1. 每茬作物连续使用，可取代有机肥，而化肥用量可减少 40%～50%。
2. 较浓的分解液建议兑 2～4 倍水稀释后使用。
3. 歇耕的农田也可浇灌，用量减半。

5.3.4　沼液等有机废水分解液的商品化模式

① 由于含水率98%左右，该肥液（可称之为"有机碳水肥"）不

适宜长途运输销售，但在半径 50km 范围内很有竞争力。

②由于运输半径短，不建议使用固定包装，可以利用罐车运到用户贮液池，或对附近固定大户进行管道供肥，或在各农业集中区建大储液罐进行分装，以减少农民在包装物上投入的成本。

③综上所述，可描绘出有机碳水肥的商业模式，如图 5-9 所示。

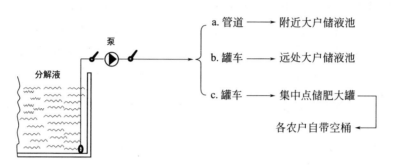

图 5-9　有机碳水肥的商业模式

在分解液供不应求、分解池不够用时，可把泵出的沼液（经滴入分解碳菌液）打进增氧涵后直接输运到田头贮液池，在那里放置 12 天后用。这样可以提高沼液分解池利用率。

对于有意大规模经营沼液分解液的企业，建议将分解液通过膜浓缩设备，以高浓度分解液的形式进行运输销售。通过膜浓缩可以减少 70% 以上的体积，同等运输成本可延长 2 倍运输半径。

假设分解液 AOC=0.3%，浓缩后 1t 浓缩液 AOC=7kg，有机肥力相当于 0.6t 有机肥：

浓缩液加工成本=5t 分解液加工成本+5t 分解液浓缩成本

$$=25 \text{元}\times5+7.28 \text{元}\times5\approx160 \text{元}$$

浓缩液价值=0.6t 有机肥价值-20kg（N、P、K）

$$\approx480 \text{元}-45kg \text{复合肥}（130 \text{元}）=350 \text{元}$$

浓缩液利润=浓缩液价值-（加工成本+运营成本）

$$=350 \text{元}-（160 \text{元}+40 \text{元}）=150 \text{元}$$

对于规模农庄自行处理沼液自用的情况，挖建水泥分解池既占地又费时，建议购买高强度塑料大罐直接安装，加上必要的台架就能形成属于本农庄的有机营养液"生产车间"了。图 5-10～图 5-12 为日产 20t 有机营养液的规模案例。

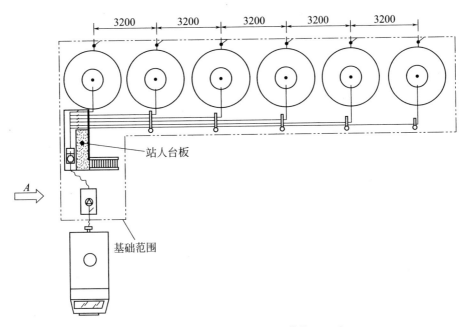

图 5-10　分解罐布置俯视图（单位：mm）

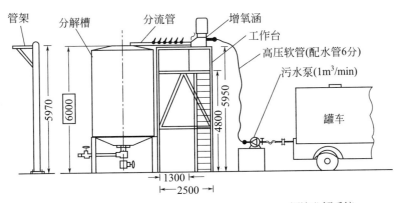

说明：6000这个高度是假定值，
如果此数值改变，其他高度尺寸都必须随之调整。

图 5-11　分解罐 A 向视图（单位：mm）

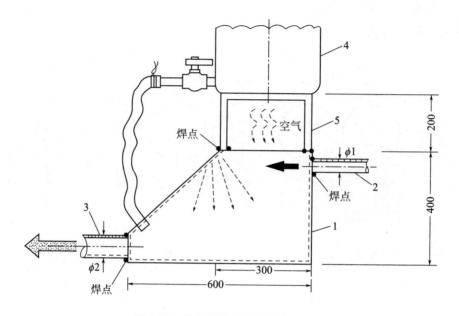

图 5-12 增氧涵示意图（单位：mm）

1—涵体（8mm 钢板）；2—进管（6 分镀锌水管）；3—出管（3 英寸时镀锌管）；
4—碳菌液桶（40L）；5—角钢架（L35×3）
注：涵体宽 300mm，1 英寸≈2.54cm

5.3.5 沼液（垃圾渗滤液）分解液的消纳模式

猪场沼液的产生量按存栏数量计，大约是粪便产生量的 8～10 倍。一个存栏 1 万头的中型猪场，每天出沼液量大约是 150t。所以即便分解转化的问题解决了，可以转化为植物营养液了，如此大量营养液如何消纳的问题便出来了。解决消纳问题必须掌握两个原则：一是因地制宜，就近消纳；二是政企农合作，共同构建消纳体系。

以下先提出三种典型的消纳模式。

① 猪场自转化自消纳模式，如图 5-13 所示。

说明：

a. 养猪存栏与农田＋湿地面积之比约 3 头比 1 亩；

b. 建议猪圈采用干刮粪结构，使粪尿源头分离，处理起来最为合

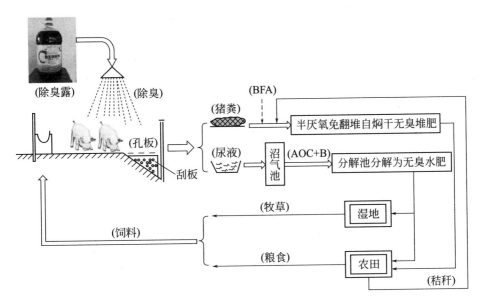

图 5-13　全程无臭零排放生态循环养猪模式

理经济；

c.使用能瞬间除臭的有机碳除臭露 1kg（兑 20 倍水），对 200m² 猪圈每 24h 喷 10 次，每次 3~5min；

d.堆肥物料与 BFA 量的比例为 1000∶3；沼液分 6 池分解，液量与有机碳菌液的比例为 1000∶2。

其中"湿地"有天然湿地，也可以构建人造湿地（图 5-14）。

以上是猪场自消纳系统，一般适用于中小型猪场。

② 对于自然村及其周边中小型养猪场，可采用如下模式，如图 5-15 所示。

如果应用有机碳除臭露，以及 BFA 无臭堆肥技术和有机碳菌液对沼液的分解技术，养猪场从源头到肥料的生产和运输全程无臭，今后这样的猪场可以建在农户附近，对大力开展农村种养结合十分有利。

③ 对于大型和特大型养猪场，就必须发展消纳体系，如图 5-16 所示。

对于大型、特大型养猪场，以及目前正在多地兴起的大型秸秆沼气

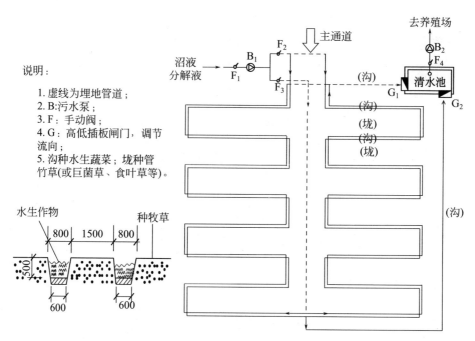

图 5-14　双流向人造湿地示意图（单位：mm）

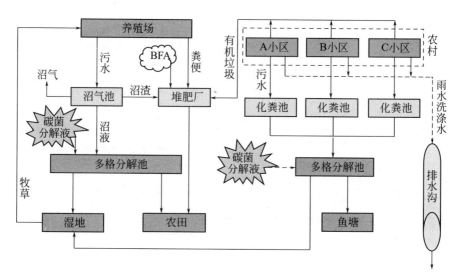

图 5-15　农村固液有机废弃物循环利用系统

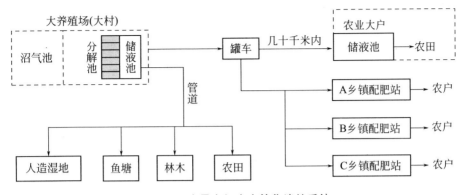

图 5-16　大量有机废水转化消纳系统

企业排放的沼液，那就需要几万亩甚至几十万亩农田和养殖水面来消纳，这不是哪家养殖企业独自能完成的。这就几乎涉及全区域农田的规划和接纳了，当地政府必须既搭台、又当导演，对本区域产生的沼液分解工程和产品消纳安排，进行全面的规划，并推动执行，形成政府、企业、农户"三方一体"的消纳体系：

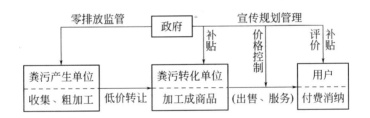

其中政府补贴项目应包括：

a.各级政府对有机肥料和环保的财政补贴转入本系统；

b.输送水肥的罐车和管网设施的投入；

c.各乡镇配肥站基础设施的建设；

d.对农民田头贮液池的补贴。

关于垃圾渗滤液，其实垃圾渗滤液的主要内含物还是 DOC，而那些会发恶臭的气体，在 DOC 被分解为 AOC 之后，被官能团丰富的 AOC 分子"掳获"成为有机-无机植物营养，不会再排出来，也就不再发臭了。有一种担心，认为垃圾渗滤液含重金属，不可以当肥料。笔者科研团队化验过深圳和厦门两个城市城区的垃圾渗滤液样品，其重金属含量均低于国家肥料标准。所以生活垃圾的渗滤液大部分可按沼液的处理方式转化成有机碳营养液。

5.3.6 沼液分解效果实例

沼液分解效果实例如图 5-17～图 5-19 所示。

图 5-17　沼液分解后用于的小麦的长势（当茬亩施 100t）

图 5-18　沼液及其分解液用于藕田的对比

图 5-19　沼液及其分解液用于盆栽的对比

5.3.7　沼液分解液是优质的水产养殖水体肥

常言道：水至清则无鱼。许多水产养殖专业户都知道放养鱼虾之前有一道必做的功课：肥水。这个"肥"字在此是动词，即通过适当的手段使水体肥起来。为什么要使水体肥起来呢？因为养殖生物需要藻类和浮游生物，需要富氧的活水。而有了适当浓度藻类的水体使鱼虾有"安全感"，不易产生应激。

但也有不少养殖户误解了"肥水"的意义，他们把沼液甚至动物粪便直接排入养殖水体，也有人向养殖水体滥用化肥。结果造成水体富营养化和缺氧，富营养化造成杂菌滋生，缺氧造成养殖生物体弱，这两方面都会引起鱼虾发病，尤其是天气热气压低的季节，常常暴发大面积鱼虾塘发病，造成严重损失。

经多次实际应用，笔者研究团队认为沼液分解液适用于水产养殖中作水体肥，既安全又卫生，对于减少人工饲料投喂量，对于鱼虾增产和肉质的提升，都有正面的促进作用，其原理如下：

沼液分解液富含小分子有机营养和无机营养元素，可被水体中的藻类直接吸收利用。水体中的优势藻如金藻、绿球藻、硅藻等的繁殖使水体的透光度降低，有利于鱼虾的休息，同时藻类的光合作用又给水体补充了氧气。所以呈适度黄绿色或浅褐色的水体中，鱼虾是最安全的。

上述优势种群的藻类又是水中浮游生物的饵料，而丰富的藻类和浮游生物又供鱼虾滤食，鱼虾的排泄物经微生物分解又成了藻类的营养物质。水体中只要有了氧气，有了小分子有机无机营养，这种生态链和物质循环就持续存在，这是养殖鱼虾最适合生存的水体生态。只要培养出这种水体生态，就能避免病害，促进鱼虾的健康生长。这就为养殖生物的高产和优质创造了基本条件。

如何向养殖水体施这种"水体肥"呢？投苗前的"养水"，每（亩·米）水体（即660m³）施沼液分解液500kg，5~7天后放苗。之后每3~5日施沼液分解液1次，每次每（亩·米）施100kg左右。要注意观察水色：水色浅，则施液量略大些，间隔时间短些；水色深

（浓），则施液量小些，间隔时间长些。"水体肥"每次用量应根据其浓度，相应调整单位水体用量。

沼液分解液施用时要注意相对均匀，切不可将液体在养殖塘一头往下倒，而要用容器装在小船上，均匀泼到水面。也可以通过泵，以水管在岸边移动着往塘里喷。

5.4 其他有机废水和养殖粪污的转化利用模式

5.4.1 中浓度有机废水的转化和利用

中浓度有机废水是指有机质含量在 $5\%\sim10\%$ 的有机废水，像水果加工厂的废果汁、食品厂的废液汁、造纸厂的黑液等都属于这一范围。

以上我们分析过高浓度有机废水和低浓度有机废水的肥料化转化，可以看出：对高浓度废水应用的是化学裂解或高能物理碎解，因为在这种浓度的有机液体中，微生物得不到足够的溶解氧，繁殖不了，所以在工业生产中无法用微生物分解法；而对低浓度有机废水应用的是微生物分解法，因为这种浓度的液体稍加氧气微生物便十分活跃，可以在短时间内将水液中的 DOC 分解为 AOC。如果要对这种废水应用化学裂解法，因化学裂解剂受到太多水的稀释，其功能大幅度衰减，反应效果不明显。若用高能物理法，其功能太多浪费到水分子中去了，也即要得到预期碎解效果，必须浪费更多能源。因此对中浓度有机废水的肥料化转化，建议采用如下不同的技术模式。

①对于中浓度有机废水中，有机质含量接近 10% 的，例如造纸黑液，先浓缩后裂（碎）解，制造出高端的类似液态有机碳肥的产品。这种工艺的关键是选用什么浓缩设备。常用的浓缩设备有两种，一种是多效高温负压浓缩，适合较大批量生产，浓缩产品含固率可达 50%，但这种工艺设备投资大，耗能也十分严重；另一种是膜浓缩，难以适合大

批量生产，而浓缩产品含固率又很难达到 15％以上，提高含固率，加工效率会降低且很容易造成膜堵塞，需频繁反冲洗，不但效益低，而且滤芯更易损坏。

② 对于中浓度有机废水中，有机质含量接近 5％的，再走"浓缩之路"已毫无意义了。适当加水稀释后尝试采用前述有机碳菌分解法；如果效果不行，建议用"酵素法"：以红糖：料液：水约为 1∶4∶5 的比例混合然后密封 20 天以上，就成为酵素液，施用于农作物，可明显提高作物产量质量，改良土壤。

对以上类型废水的处理技术及消纳方法要兼顾经济合理性，根据当地实际条件选择最合理的方法，以下提出几条可行的路线供参考：

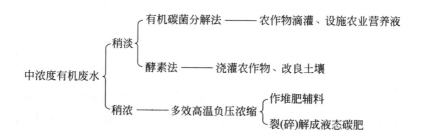

含固率 30％以上的有机浓缩液，简易使用方法是以 10％～15％的量加入堆肥发酵，会使有机肥产品 AOC 含量提高 0.5％～1.0％，使肥效得到显著提升。

5.4.2 肉牛粪污处理技术

肉牛的鲜粪含水率在 70％以上，但牛粪肥力不高，而牛尿中含氮量较高，所以固液分离就不合理。把牛粪与牛尿混合起来造肥是最合理的。农村传统就有利用牛粪尿的"垫圈法"，就是间歇性向牛圈里撒些碎秸秆、蘑菇棒渣、山林的腐殖土或泥炭和塘泥之类的混杂有机干物料，让牛践踏卧压，待圈内垫层到一定厚度，会自然发热。再积累一段时间，就把垫料全部起出建堆，用塑料膜封密，过几十天后便是一堆有机肥料。这就是过去农村肥料的主要来源。

对肉牛粪污处理这种传统的垫圈法更加适用。当然现在已经有了很好的"微生物＋碳"菌剂，可以使堆沤时间缩短到 20 天以内。具体操作方法如下：

垫料(碎秸秆、泥炭粉、废食用菌渣、中药渣、腐殖土等) —间歇撒入圈舍→ 积累到15cm左右厚

—撒入BFA菌剂→ 让牛践踏2～3天 —起料→ 建堆 —→ 封盖塑料膜 —20天后→ 有机肥料

建堆过程应掌握好物料的湿度，控制含水率在 $50\%\sim60\%$，如垫料比较干燥，可用 BFA 粉（或其他含碳菌剂）兑 100 倍水在建堆过程分层泼洒，待料堆高 1.5m 左右即可封塑料膜。15～20 天可用。

要说明的是，如果垫料比较粗糙，虽经发酵腐熟，但其外观还呈不规则粗粒状，作为有机肥卖相不佳，而且无机营养元素含量和含水率都不一定能达到行业标准，所以作为商品肥料以正规包装上市就不合适。因此建议将其就近用于农田、果园，与农户以协商价供应。这是肉牛粪污转化利用的比较务实可行的办法，也是养殖户和农户双赢的办法。各地农畜管理部门应支持引导这种廉价实用的造肥技术。

5.4.3　奶牛粪污处理技术

奶牛饮水量大，牛粪含水量高达 90% 左右，所以对奶牛粪进行干湿分离更没有经济实用性。而许多奶牛场都拥有大面积牧草地，因此奶牛粪污全部都进入沼气池制成沼液再分解成有机碳营养液，就可由牧草地和其他农田消纳。解决方案如下：

奶牛粪污 ——→ 牛栏收集坑 —泵管道→ 沼气池 —泵→ 沼液 —有机碳菌液→ 多格沼液分解池

——→ 有机碳营养液 —泵管道→ 牧草地(农田)

这种处理模式每年还会积累一定量的沼渣，可作为堆肥厂的辅料，能提高堆肥产品 AOC 的含量。

如存栏 1000 头奶牛，每日粪污约有 100 吨，全年可产有机碳营养液约 3.6 万吨，能解决约 1000 亩牧草地全部用肥和大部分用水，将使奶牛场实现零排放，并获得巨大经济效益和生态效益。

绝大多数奶牛场都可以实行这种内部物质循环和生态治理，奶牛场成"污染大户"的历史是会过去的，关键在转换思维方式。

5.4.4　中小养猪场与有机肥料厂合作的模式

中小养猪场没有自己制造和销售有机肥的能力，其猪粪基本上采取散卖贱卖的形式给附近农民下地。而多数农民又没有堆肥的技术，于是出现晒猪粪干或者直接埋施到果园里，这不但扩散了污染，而且导致成千上万亩果园衰败，给果农带来巨大的潜在风险，各地应禁止这种扩散污染的做法。这些中小型猪场的粪污出路在何方？

合理的做法是以一个或几个乡镇为范围，建有机肥料厂，采取投资少、操作简单又零排放的 BFA 无臭免翻堆自焖干堆肥技术，以当地各猪场的猪粪为主料生产有机肥。有机肥厂与各养猪场签订合作协议，由有机肥厂向各养猪场提供 BFA 发酵剂和减水辅料，在各养猪场进行简易堆肥，每堆堆肥 8 天后由有机肥厂拉到厂内建高堆陈化干燥和后续加工。双方结算时把厂方提供的料扣除掉，养猪场相当于得到相应的鲜猪粪的利润和一定人工费。这种方式能确保猪粪产生后马上能得到处理（发酵、除臭），运输过程无臭味，最终产品能标准化规范化地流入肥料市场。

5.4.5　大型养鸡场的粪污处理

畜禽粪便中鸡粪有机无机营养成分比较丰富，可以制造出很好的有机肥料。但由于有的养鸡场使用了谷壳作吸水料，大多数养鸡场鸡粪掺杂不少鸡毛，这使鸡粪加工的有机肥卖相不好，所以有机肥料厂不愿意用鸡粪制肥。这就迫使养鸡场做出两种选择：一种是将鸡粪全部烘干粉碎，以"鸡粪有机肥"的名义低价推销，但如此做危害不浅，使用过的果树烂根，果园病虫害增加；另一种是全部推送入沼气池，而沼液、沼渣扩散，造成污染。这些情况至今还在国内存在。还有一种情况，养鸡饲料中添加了过量的重金属，也使鸡粪不适于制有机肥。

如何从根本上解决鸡粪向肥料转化呢？我们首先来分析鸡粪肥料化转化的障碍。谷壳和鸡毛仅仅是拉低了肥料的卖相，并不妨碍加工发酵和肥效，在有机肥料装袋前通过振动筛把粗鸡毛筛掉，其他绒毛和谷壳施到地里，对土壤疏松有好处。因此只要通过充分腐熟焖干装袋，在包装袋写明"主料鸡粪"，并在价格上比其他有机肥略为优惠，农民是会接受的，因为这是真正的"物美价廉"。

关于重金属问题，其浓度超标了一定不能进肥料市场，这是铁的规矩。大规模养鸡场可以考虑改革创新，弃用带重金属的饲料添加剂，改用微生物制剂、中草药制剂或者酶制剂。这样一来，鸡粪中含重金属的问题解决了，还可放心地把鸡粪往水产饲料方面转化（这方面已有成熟技术），获得更高的增值。实际上现在许多机械化养鸡场已经在往这个方向改进了。

5.4.6　小型养殖场粪污废水一体化处理方案

许多农村的小型养殖场，尤其是养猪场，习惯以冲洗的方法把粪便污渍一起用水冲进化粪池。这种处理简单，设施投资少，但用水量相对较大，不适合用固液分离的方式。针对这种模式，设计一种利用原设施并加以改造的方案，就是加建两个并列的二级化粪池，每个二级化粪池容纳7～10天的出液量。向两个二级池中轮流注入原化粪池流出的污液，并在第1天、第2天按池容积的0.2%加入有机碳菌液，该池满后静置7～10天，与此同时另一个二级池进行同样的操作，待第二池满时，第一池可以抽出灌溉农田（或养鱼塘）。

为了不堵塞滴灌管网，还应在输出分解液前加一道过滤，滤渣可送到有机肥厂参与堆肥。这种系统的工艺流程如图5-20所示。

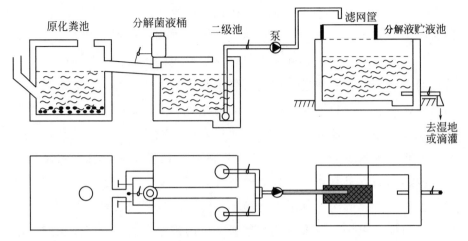

原化粪池　　　分解菌液桶　　　二级池　　　泵　　　滤网筐　　　分解液贮液池

去湿地
或滴灌

图 5-20　小型养殖场粪污废水一体化处理示意图

5.5　死畜的处理

死畜的处理，大体有深埋法、消化法（酸碱处理）、焚烧法和高温消毒碎解法等，以下对各种处理方法作简要介绍。

（1）**深埋法**　挖深坑，丢入死畜，撒一层石灰后用土掩埋。此法过去应用普遍，但因占地、土层太薄时易产生隐患，以及可能污染地下水等原因，被各地政府禁用。

（2）**消化法（酸碱处理）**　又分固体（石灰粉）和液体（硫酸及氢氧化钠）处理两种。固体消化法是在密闭窖室堆满 $Ca(OH)_2$（即熟石灰粉），将死畜丢进任其消解，不再做任何后续处理；液体消化法是用大池装大量适当浓度的硫酸液，丢入死畜，任其腐蚀溶解，后用氢氧化钠（钾）中和至 pH 值接近中性，作农用氨基酸产品的原材料使用。

（3）**焚烧法** 将死畜送入焚烧炉焚烧，使其变成灰烬。这种方法会不可避免地产生难闻气体，各地也相继予以禁用。

（4）**高温消毒碎解法** 在一个密闭大容器内将死畜和一定比例的统糠混合，电加热到120℃后，保持这个温度16h以上并不停翻动搅碎。这个过程中水分不断蒸发，躯体（包括骨头）被搅刀碎解，油脂被统糠吸收，最后出膛的是无毒的富含动物蛋白和脂肪的糠状物料，以及极少量块状骨头（筛选出来）。糠状料以少于15％的比例加到有机肥堆肥，少量块状骨头积累到一定量再在一个特制柴炉中焖烧成灰，再加入有机肥。这样就把死畜完全变成肥料。这种加工可得到优质有机肥的原料，每千克原料加工成本约为0.25元。要特别提醒的是，此法所得糠状料不可直接当有机肥料出售，因为里面的有机质只经高温而未经微生物分解，不是小分子，不容易被吸收。其有机物质特别是油脂会致农作物根系败坏，且在地里受潮后会产生恶臭，形成污染。

这种处理技术还可以承接屠宰场的下脚料。目前这种处理技术已在福建省推广，省政府给予加工企业设备设施补贴，并对每头死畜给予按头数补贴的政策扶持，使转化企业有适当的利润，只要有机肥料厂承接深加工，就可以持续下去。

5.6　农村多种其他养殖废弃物的联动处理

在南方农业区的零碎农地，丘陵果园、湿地、河沟水塘等处，几乎被村民的各种养殖"见缝插针"地用掉，养殖品种繁多，诸如鸡、鹅、鸭、牛蛙等，还有些微型养猪场。在窄小的空间无序地生出各类养殖，使当地农村环境脏乱达到可怕的地步。

我们换个思路：对某一地域（流域）内的各种养殖户进行排查，对各种固液污染物进行梳理，然后按"固体——集中堆肥"，"液体——分区分解"的技术模式，配合除臭露的使用和种养结合的循环净化作用，就可把臭、脏、乱的混养区变成环境净洁、空气清新、山清水秀的美丽田园。以下是笔者指导的一个区域零散养殖业整治的布局和流程，如图5-21所示。分解池根据地形可建一组或多组，以经济适用为宜。

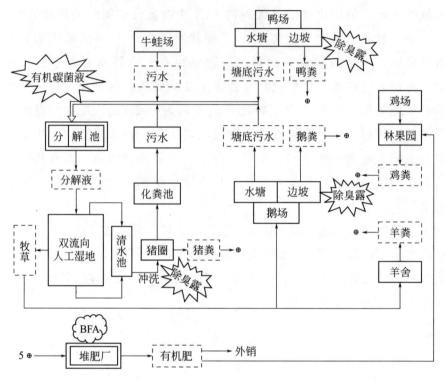

图 5-21 小区域多养殖品种粪污零排放综合整治生态系统

5.7 农村生活小区化粪池水的简易处理和利用模式

农村生活小区化粪池水是含水率很高的有机废水，将其加工成商品有机营养液价值不高，但直接排掉又污染环境。最合理的处理模式是：用0.1%BFA粉适当搅拌后，排到一个分解池，变成完全无臭的营养液，经7~10天后抽到湿地（牧草）或农田（图5-22）。在产生量大的居民区，则应在排水系统前构建3~4道多年生植被梯坝进行拦阻吸收，通过这些生物（植物和微生物）体系的再分解和吸收，液体中的有机养分悉数消耗光，最后只剩下清水流到区域排水系统。这种模式最大的优势是投资少，几乎不耗能，同时还可将植被梯坝构建成景观区，为美丽乡村添彩。

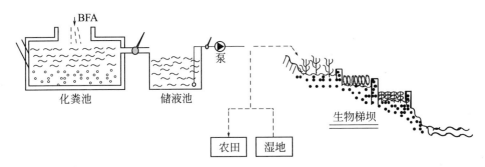

图5-22　农村生活小区化粪池水简易分解和消纳系统示意图

5.8　城市生活区化粪池污水的处理

　　城市生活区化粪池污水来源于各生活小区的化粪池，它的特点是含水率很高，普遍在99%左右，但"重金属超标"却是不存在的。另外，城市（及其近郊）可用于消纳有机营养液的土地和湿地极少，这就决定了完全采用资源化转化也是走不通的。综合多种生活污水处理技术，应尽可能多地从城市化粪池污水中提取固体物质运到远郊集中制造有机肥，大量的液体进行厌氧加微氧的生物分解，处理成达标的水排放。有条件的新区应将这种水回流，作家庭冲洗厕所用水和城市园林绿化地用水。

这种坚持固液分开处理的办法与"处理—达标—排放"的环保措施比较，更加节能，而且污水中绝大部分有机质得到资源化利用。

这种技术路线的流程如图 5-23、图 5-24 所示。

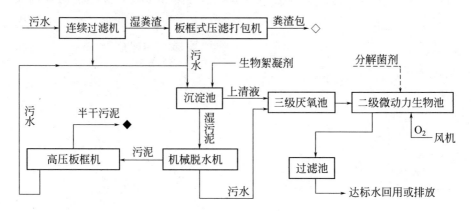

图 5-23　城市化粪池污水处理流程图

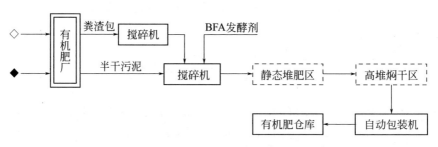

图 5-24　以化粪池渣和生活污泥为原料的有机肥厂工艺图

上述污水处理和肥料加工工艺的要点如下：

湿粪渣在板框式压滤机挤压，不可求干，因为榨得太干，大量可转化成 AOC 的大分子水溶有机碳（DOC）流失，不但使之后加工的有机肥肥力下降，还加重后续污水处理的难度。粪渣合理的含水率应控制在 65% 左右。

而相比较而言，经絮凝后的污泥 DOC 含量较低，压得干些（含水率 40%～45%）DOC 损失较少，这样的污泥与等量的压榨粪渣混合，含水率约为 55%，正适合 BFA 静态堆肥。

沉淀池应建两套，轮流操作，处理沉淀污泥时即可不影响污水的连续处理。

用于沉淀污泥的絮凝剂不可用传统的化学絮凝剂，因化学絮凝剂会使污泥压榨后板结，很难与粪渣充分融混形成适合发酵的物料，也不适合施入土壤。建议使用生物可降解的絮凝剂（市场上称"污泥复生剂"）。

二级微动力生物（分解）池，以一个风机向铺于池底的多孔管道通气。通气是间歇性的，不可进行强曝气。分解菌剂只需隔一段时间加一次。

过滤池的滤层使用传统的多层物理过滤和吸附材料，一段时间更换一批。

运行管理得当，过滤池排出水的 COD 可低于 90，无色无臭，完全可以回用作厕所冲洗和城市园林绿化用水。

5.9 生物质能源产业后端处理难题如何破解

近年来在政策导向的推动下，我国生物质能源产业发展迅速。生物质能源产业分几种类型：以纯秸秆为原料的，以养殖粪污为原料的，也可以收集城乡生活有机垃圾拌以畜禽粪便为原料的。这个产业不但给我国能源产业增添了一支强大的生力军，同时也"为社会打扫了卫生"，前途不可限量。可令人不解的是，几乎所有生物质能源企业都不重视或忽略了后端处理，更没有把物质循环纳入规划和建设运营中。这就导致正式投产一段时间后，后端的问题出现了：大量的沼液再也排不出去了，甚至沼渣堆肥也卖不出去了。这个问题不解决，严重影响企业经济效益，其能否生存都成了问题。

笔者研究团队做过试验：生物质能源沼气池的沼液同样可以用有机

碳菌液予以分解，成为棕色通透的有机营养液。转化的问题即使解决了，消纳问题仍未解决。

此问题靠能源企业自己解决有难度，因为他们不是"卖肥料"的，解决之道应双管齐下：一方面能源企业向自己控制的秸秆农田输送，这是企业系统内的"大物质循环"。必须指出的是北方冬天的时候，已农闲的农田依然可以消纳这种有机营养液，来年再种能源作物时，效果更好。企业系统内还有一种"小物质循环"：就是把分解出来的有机营养液按适当比例输送部分到沼气池，厌氧菌得到"额外"的有效碳营养（即能源）的供给，繁殖更快，沼气池产气量会明显提高。这将大大提高能源企业的经济效益。另一方面可以把部分有机营养液无偿供给中间商，由他们低价卖给其他农户。其他农户看到能源公司原料（能源作物）基地应用的效果，一定会"追求"成为这种有机营养液的固定客户。

干式沼气发酵必须用前端专用沼气池的沼液来喷淋以调控湿度和接种厌氧菌。如果把这些沼液预先用有机碳菌液加以有效分解，加入到喷淋液中，等于给厌氧菌补充碳能，产气率会大大提高。

能源企业用沼渣堆肥为什么卖不出去呢？因为肥料品相不好。这些企业用于产沼气的原料是农作物秸秆，秸秆经破碎进入沼气池（罐）经一段时间厌氧菌分解，那些不能被分解的粗纤维还呈块状，尺寸在 1cm 左右，出池（罐）后再堆肥几十天外观依然没明显改变，所以作为有机肥卖农民不接纳。这种企业应改变工艺，秸秆不能简单破碎就输进沼气池（罐），而应先经过一道均质程序，把秸秆碎块与其他加入料一起，在加入适当水分的状态下以机械进一步碾磨成浆状，再输进沼气池（罐）。如此不但能提高产气量，还使沼渣呈碎渣状。这种沼渣堆肥时间可缩短到 15 天之内，并有良好的有机肥品相。海南一家生物质能源企业就注重这个前端处理，加工的沼渣便可以顺利地参与堆肥。

生物天然气企业还有另一个瓶颈，就是气候寒冷时产气量下降。这个问题的解决措施除了池（罐）体对外隔热外，还有两个措施：一是在池（罐）底安装热水管网；另一个措施是对新输入的均质体进行预热，即让这些均质体通过一段热水管缠绕区，使其温度达到 35℃ 左右再进入主体容器。这些加热措施均可通过燃烧本企业生产的沼气来解决。

5.10 各种废饮料（废果汁）的肥料化技术

过期或变质饮料、食品厂的废果汁，每天都在源源不断地产生，其社会总量大得惊人。现在普遍的处理办法是往化粪池里倒，当然最终是流向污水处理厂。

以"碳思维"来分析这个问题，就应发觉这样处理很不妥了。因为这些废饮料（废果汁）中所含的碳水化合物和植物蛋白比一般化粪池水中的同类物质要高，到了污水处理厂它所消耗的能量是一般化粪池水的2倍以上，也即加重了污水处理厂的负荷。而从另一方面看，如果将它单独进行"碳转化"处理，它的价值却是一般化粪池水处理物的2倍以上。所以在可批量收集的情况下，将各种废饮料（废果汁）导向"DOC→AOC"转化模式，进行简易加工，使之成为无害的植物有机营养液，这些被废弃的东西又重新成为有用的东西，既减轻了环境压力，又为土地和农作物增加了一份宝贵的肥料资源。

废饮料的"碳转化"原理和工艺方法的实质与前述沼液等有机废液基本相同。但由于废饮料如果汁饮料、牛奶等都是多层包装，在批量加工的情况下，由于人工成本高，不可能对逐箱逐瓶饮料进行拆解，所以在工艺流程中首先要设置一台小型的挤压机，可把纸箱去除后的液瓶装入粗尼龙网内，让挤压机直接对整网的废品进行强挤压，使废液全部泄出流到下面的承液池，然后进入分解程序（图5-25）。

本工艺不必像沼液分解那样建6个分解池，只建1个预分解池就可以。即预分解池中的液体当天装桶，11～12天的分解过程在分装的产品桶中进行，这批桶敞开盖放置11～12天后盖严运去使用（出售）。

有机碳菌液（分解剂）使用量为0.3%，在抽液进预分解池过程缓慢加入。

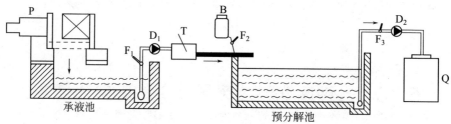

图5-25 废饮料（废果汁）肥料化转化流程图

P—小型板框挤压机；D_1，D_2—泵；F_1，F_2，F_3—阀门；T—增氧涵；

B—有机碳菌液（分解剂）桶；Q—产品桶

必须说明的是，本产品价值不太高，市场价大约每吨（纯液体）200元以内，所以销售半径不应大于50km，同时最好是生产者直通使用者，这样方便空桶回收，用户在购买时不必负担包装桶的费用。另外本品生产中不进行无菌化处理，所以装桶后存放期不可过长，一般不多于60天，否则会胀气。但即使产生胀气也不影响肥效，可能味道会稍臭些。

这类产品最适合两类经营模式：一类是靠近城市的小型有机肥厂自建一个液体肥车间，方便收集城里废饮料，又方便向附近的农户销售；另一类是大型农庄，去城市收集废饮料加工自用。这类产品的制造商必须掌握有机肥发酵技术。

5.11 甘蔗种植"双高"方略

5.11.1 我国甘蔗种植业面临低产高成本的瓶颈

我国甘蔗种植业普遍面临低产高成本的瓶颈。以广西崇左市为例，三十年前甘蔗亩产7t以上的比比皆是，在风调雨顺的年景还常见亩产8t甚至9t的情况，可是现在常态化的是亩产4~5t。另一方面是劳动力成本的增加：过去一个劳动力20元，现在要100多元。亩产下降40%

左右，而劳动力成本增加数倍，种甘蔗成了"蚀本"行业。而糖厂方面，由于国际低糖价的趋势和甘蔗含糖量的下降，以及每年收蔗量下降导致榨季缩短，再加上环保部门对三废的严格管制造成环保费用的提高，糖厂利润空间受到极大挤压，越来越多的糖厂陷入负利润的泥潭。这种局面再延续下去，势必造成种蔗的想改种经济作物，制糖的想压蔗价以提升毛利，最终促使更多的蔗农弃蔗，我国只有依靠进口糖来过日子了。须知人们生活不可一日无糖，十几亿人口的大国用糖仅靠进口，是十分危险的。

破解此危局的关键之举是使蔗田实现"双高"，即高产和高糖。

5.11.2 高产的解决机制

想在现今已普遍贫瘠化的山坡地上实现甘蔗高产，是没有希望的，因为这种地既不存水，又不储肥（即肥料利用率低），还不能实现机械化耕作，用工贵的问题始终无法解决。所以蔗田高产的基础是土地适度平整以实现机械化。但土地平整后新的问题出现了：本就很贫瘠的耕作层被翻下去了，生土成了耕作层了。按常规施肥在这种生土层上种蔗，每亩产量连 3t 都达不到。如果要把生土变成适宜种植的熟土，每亩地当季最少要施 8 亩优质有机肥，价值约 8000 元，这又是蔗农所无法承受的。

要解决机械化种植（平整土地）和低产这对矛盾，就必须创立一种在刚平整好的土地上快速达到中高产的施肥模式，以相对可接受的低成本施肥（主要是有机养分）使土地快速"转化"成适宜甘蔗正常生长的"熟土"。

这种技术要点就是利用产蔗区非常廉价的酒精（酵母、味精）发酵废液的浓缩液，进行生物分解。这种浓缩液太浓又缺氧，微生物难以繁殖，更不可能分解它，所以采用就地稀释后分解的方法：

具体操作方法为：植蔗时每亩用 1t 优质有机肥和适量化肥作基肥，之后按物候期通过滴灌系统向甘蔗追施有机营养液（加适量化肥）。一年追施浓缩液（原料）75kg 左右，只需购买 3kg 有机碳菌液，这两项总成本不超过 50 元。算上之前基肥用的 1t 有机肥，以及总共补充的化肥（约 150kg），一茬甘蔗每亩施肥成本约 1500 元。而这样的施肥配方可保证在新翻耕的生土地上，当年每亩就种出 6～7t 甘蔗。每年坚持这种施肥配方，土地可以逐年熟化、肥沃化，亩产还能逐年上升，直到提升到该品种甘蔗的最高产能。

5.11.3 高糖的解决机制

较好的甘蔗品种正常生长，通常含糖率可以到达 13%，可是低产甘蔗叶片窄薄，叶绿素功能不足，碳水化合物积累不足，加上蔗皮在蔗秆中的质量占比高，因此甘蔗含糖率下降到 11% 以下。糖厂是以含糖率检测结果给甘蔗评级定价的，差 2% 蔗农每吨甘蔗就少收几十元。而对于糖厂来说，每吨甘蔗多出来的含糖量，其生产成本少得几乎等于零，也即多出的糖几乎是纯收入。可见高糖对维系蔗糖生产链条良性循环是多么重要。

采用极廉价而又含碳（大分子水溶物）高的废液就地分解为植物有机营养液，随时给甘蔗补充根系能吸收的 AOC（有效碳），配合适量的无机养分（主要是钾养分）的供给，在使甘蔗亩产显著提高的同时，也会使含糖量提高 1.5%～2%，因为"高糖"是由甘蔗发挥正常长势而达到的。

5.11.4 甘蔗基地就地制取有机营养液的工艺流程

如上所述，利用廉价的酒精（味精、酵母）废液浓缩液，经有机碳菌液的分解，转化成为植物有机营养液。每亩每茬使用 75kg，加上 3kg 有机碳菌液（分解剂）总共成本约 50 元，却可以起到 7t 优质有机肥的肥效，也即以 50 元撬动了 7000 元（有机肥力）的杠杆！

下面以一个规模甘蔗基地为例，陈述如何构建一个分解和配肥系统，如图 5-26 所示。

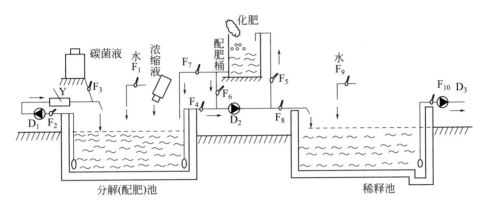

图 5-26　废液浓缩液分解为有机营养液肥流程图

操作流程为：打开阀门 F_1，往分解池注入待分解的废液浓缩液量 20 倍的清水，再倾倒入废液浓缩液。打开 F_2，启动泵 D_1，液流冲击增氧涵 Y，富氧液流入分解池，并根据富氧液总量的 0.2% 调节 F_3，使有机碳菌液缓慢流入主管，进入分解池。操作完毕后静置 10～12 天，打开 F_4 和 F_5 并启动泵 D_2，使分解液基本注满配肥桶。打开 F_6，关掉 F_4，使分解液在 D_2 的驱动下自循环起来，倒入预先配好的化肥，循环 10min 关掉 D_2、F_6、F_5，打开 F_7 使配好的化肥液从配肥桶流入分解（配肥）池。然后打开 F_9，向稀释池注入分解池总用水量 5 倍以上的清水，再打开 F_4、F_8 启动 D_2，使有机无机液肥全部注入稀释池。关掉 D_2、F_4、F_8，再打开 F_{10} 启动 D_3，使有机无机营养液注入滴灌系统。

以上操作中浓缩液、有机碳菌液、化肥、水等配比的计算流程为：确定一次配肥要覆盖蔗田亩数→以每亩每次 6～10kg 废液浓缩液算出一次所需废液浓缩液的量 M kg→用于稀释这批废液浓缩液的用水量 $20M$ kg，注入稀释池→计算出分解这批稀释液所需的有机碳菌液（$20M × 0.2\%$）kg，将其注入稀释池上方的有机碳菌液桶中，调好开关 F_3 使其缓慢流入增氧涵后部的输液管→稀释液在分解池中经 10～12 天分解后开始配肥，化肥中（$N+P_2O_5+K_2O$）养分总量为（$M × 13\% ×$

4）kg，再依此数据和化肥养分含有率计算出化肥量，在配肥桶液体开始循环后将此批化肥缓慢投入配肥桶→往二次稀释池注入清水 100Mkg（可多不可少），同时把分解（配肥）池中的液体抽到二次稀释池与清水混合，便可启动泵 D_3 进行灌溉（滴灌）了。

各池容积应根据以上各计算值，采用一年中最大的一次用肥量进行设计。

应注意几点：①每亩每次 6～10kg 如何掌握？视新蔗苗还是老蔗头，前者加液量应偏小，后者偏大；甘蔗物候期，春季加液量应偏小，旺长期偏大。②稀释池出水泵吸水口下方应构建一条比池底深 10cm 的沉淀沟，使不溶物滞留在沟中，定期清理。③用肥前 12 天就应启动分解程序。④增氧涵是为了简单地给稀释液增氧，液中溶解氧为 4～5mg/L 为宜。增氧涵主要结构是在上方敞开的半封闭式管道（或水槽）中安置一块 45°倾斜的粗糙水泥板或瓷砖，供泵喷出的水流打击，以使水流夹带空气流入分解池，其示意图如图 5-27 所示。

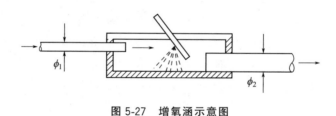

图 5-27　增氧涵示意图

5.11.5　甘蔗基地推广有机废液浓缩液分解利用的可行性和重大意义

说起有机废液浓缩液，这可是个沉重的话题：它来于蔗田，却回不到蔗田。20 世纪七八十年代糖厂的废糖蜜被作为资源用于生产酒精、酵母、味精，废糖蜜由废变宝，产生了更大的价值。但这个"变"并不彻底，上述转化工程都留下大量残液。当时的人们环保意识不强，政府也没有意识到残液排到河里有什么不妥，于是产糖区一条条"黑龙"滚滚滔滔地流入河沟湖泊。残液中带去的 COD 不断积累，造成水域缺氧发臭，水生动物相继死亡甚至绝种，于是民众抗议，政府介入，"残液直排之路"走不通了。然后就开始走"浓缩之路"：把残液浓缩成含水率 50% 左右的浓缩液，体积减去 80% 以上，这就是糖业区大家熟悉的"酒精废液浓缩液""酵母废液浓缩液""味精废液浓缩液"。人们首先把浓缩液送到锅炉喷雾燃烧，想一烧了之，既补充了燃料，又把"麻烦"处理得干干净净。可不曾想没燃多久，新的问题出现了：锅炉的管道被烧结了，除尘器被糊住了。也有人把浓缩液稀释后灌到蔗田，起初觉得效果不错，蔗长了，地里草也青了。但再多灌几次却发现不对劲了：蔗黄了、草死了。此路不通再找新路：有人把浓缩液喷雾干燥成粉，发现它水溶性非常好，就以"生物黄腐酸"的名义去贩卖，又出现浓缩液稀释灌溉一样的情况，于是这些人就不敢在甘蔗产区贩卖，而是到华北、西北去贩卖，至今还有不少人在中原和西北各地以此营生。

导致这一结果是因为人们没有从理论上搞清楚 DOC 与 AOC 的区别。有机废液浓缩液里的水溶有机质的分子结构和尺度就是 DOC 级，同沼液里的有机水溶物类似，所以它会危害农作物和土壤生态。当我们利用"碳转化"技术把这些 DOC 转化为 AOC 之后，这些肥料资源就变为无害的有机营养了。这种有机营养液只要用量（浓度）适当，可以对同一批作物，对同一块土地连续地浇灌，年复一年的应用，不但能保持高产优质，还能不断肥沃土壤，改善农业生态。

于是可以对甘蔗产区数以百万亩计的饥渴难耐的贫瘠蔗田，特别是经平整过的机械化生土进行沃土肥田了。有机废液浓缩液这些过去与其原产地（蔗田）擦肩而过的"弃儿"，如今"脱胎换骨"成了优质的肥料资源，优质营养液将逐渐源源不断地反哺生它育它的土地。

关于大分子水溶有机碳（DOC）经"碳转化"成植物有机营养液的技术可行性，在前面多章节都有论证，所以废液浓缩液分解利用的技术可行性在此不加赘述，本节重点分析其经济可行性。

首先测算以浓缩液稀释转化的有机营养液作追肥的施肥模式，每亩蔗田一茬合理的施肥量。

基肥：1000kg 优质有机肥加 50kg 中高浓度（总养分 45%）复合

肥，合计 1150 元。

追肥：一茬中追施 10 次有机营养液（共使用原料废液浓缩液 75kg 加有机碳菌分解液 3kg），加中高浓度复合肥 90kg，合计 350 元。

本模式施肥总费用为 1500 元/亩。在生土翻耕地可收获甘蔗 7 吨/亩，收入约 3500 元，机械化加人工成本约 300 元/亩，利润为 1700 元/亩。

对比旧式施肥：基肥用 1000kg 优质有机肥加 50kg 中高浓度复合肥，合计 1150 元；追肥先后 10 次加中高浓度复合肥（溶于水）120kg，合计 350 元；合计用肥为 1500 元/亩。在生土翻耕地亩产最多 3.5 吨，收入 1750 元，机械化加人工成本约 300 元/亩，利润 -50 元/亩。

从种植户的角度分析，在生土翻耕地种蔗，用旧式施肥模式头两三年一定是亏损的，而应用废液浓缩液就地分解浇施，当年就可盈利，这种施肥模式连续执行下去，土地逐年肥沃，亩产甘蔗将逐年上升，这些增收的产量利润率就更高了。亩产甘蔗超 8 吨，每亩利润超千元的良好经济效益是可期的。

利用废液浓缩液就地分解为有机营养液，将给甘蔗集中产区带来以下几大好处：

① 有利于大规模蔗田整治。因为今冬整治，明年即可种蔗，当年就有利润，蔗农不必担心整田亏损，更看到前景光明，有积极性。

② 有利于甘蔗"双高"基地的大规模推进。甘蔗种植关系到国家战略物资糖的自给水平，因此对某些地区例如广西、云南、粤西，不是种蔗经济效益不行就转产这么简单。

近年来出现多起当地政府阻止农民蔗田改果园的事件就说明甘蔗不能"双高"，甘蔗种植日益式微的趋势。但要达到"双高"，土壤状况和耕作方式又成了瓶颈，甘蔗种植区的政府、专家和蔗农们都一直在苦苦探寻突破瓶颈的办法。现在，以"碳转化"将有机废液浓缩液转化为植物有机营养液的技术，可一举得到高有机营养和低成本，使甘蔗"双高"问题在可接受的施肥成本范围内得到圆满解决，为有关的蔗区政府和农业技术人员推广"双高"提供了有力工具。

③ 有利于糖厂、酒精厂、味精厂和酵母厂废液的循环利用，不但为这些企业节省了大量环保费用，而且能帮助糖厂-甘蔗基地建立废液

浓缩液排灌体系，使糖厂获得稳定高产的种植基地，糖厂的榨季延长，产品糖成本下降，确保我国糖业在国际竞争中不处于弱势，为国家战略物资的保障奠定基础。

第**6**章
种养结合

6.1 种养结合推动农业物质循环是篇大文章

种养结合就是种植业与养殖业在地域上的一体化，其主要内涵就是将养殖业产生的有机废弃物通过加工转化为肥料去沃土肥田。从某种意义上讲：养殖业是种植业的动力，而种植业的一些产品经加工又成为养殖动物的饲料。这就在地域上形成了农业物质循环。

种养结合事关农村乃至区域性农业产业布局的合理性、科学性，事关我国农村发展的大政方针，事关农业环境的不断改善和土地的可持续耕作，有着丰富的内涵和大量需要我们努力去探索的新领域、新技术，同时也存在大量需要解决的新矛盾、新问题。这条路必须要走，但不能把它想象得那么简单和顺畅。

首先，在区域性乃至全国农业农村形成种养结合，这本身就是一个复杂的技术系统。这个系统既要应用被事实证明是可行的技术，又要认识和抛弃被事实证明错误或不适应时代要求的旧观念、旧技术，应用或研发并验证新技术、新模式；既要依靠科技团队和专家学者的专业知识，又要善于发现和尊重广大农民的创新创造；既要重视科学性和长远发展，又要保证经济合理性。

种养结合的普遍实现和持续运行，还依赖严密管理体系的构建。这不单单是一项技术和一种经济模式，更是农村产业调整和乡村振兴的重要抓手。在大部分农村，要规划产业发展，就绕不开种养结合，也不能不懂种养结合的相关产业技术。要保证种养结合的科学、合理和成功实施，就要做调查研究，深入发动和依靠群众。

要特别强调的是，要充分认识到种养结合对农村发展的重大带动力。种养结合做得好，将使农村种植业和养殖业达到双赢的局面，促进农村两大产业之间产业链的衔接和延伸，推动农民的新型合作化进程和农村劳动力的充分就业，这又会在彻底解决农村"空心化"的同时逐渐改变农村环境生态、政治生态和文化生态，使广大农民得以靠生态产业致富，靠自己双手致富，为农村的长治久安奠定基础。

发达国家的大农场，耕地能保持肥沃，除了做到秸秆还田之外，普遍实行种养结合也是重要原因。在这种农场，实现了两业互动互补的循环，极大地降低了农产品和畜产品的生产成本，并形成土地永续耕作和农业生态良性循环的局面。

6.2 种与养要合理对等

本节具体讨论"种"和"养"的合理比例，以养猪为例。

存栏商品猪平均每头每年贡献有机肥料约300kg，贡献尿液污水折合有机肥约100kg，总共可贡献有机肥当量400kg。通常耕地施有机肥的合理当量约每年每亩2t计，需5头猪（存栏）来供肥，也即按5头猪对应1亩地。

其他每头养殖动物肥料贡献量与每头猪的贡献量对比如下，按此对比值可计算出 1 亩地对应的其他养殖品种的合理存栏量（表 6-1）。

表 6-1　养殖动物肥量贡献系数

品种	猪	牛	兔	羊	鸡	鸭	鹅
折肥系数	1	5	0.08	0.3	0.06	0.06	0.08

如果实现了种 1（亩）养 5（猪）的平衡，农田有机肥就能就地解决，化肥使用量最少可下降 60%，因为一般堆肥会带去约 2% 的氮磷钾养分（不考虑行业标准要求的 5%），每亩每年 2t 有机肥最少能带入 40kg 氮磷钾养分，相当于 100kg 高浓度复合化肥。

养殖废弃物转化还田与秸秆还田双管齐下，每亩耕地每年可得到大约 2000kg 有机质（干物质）的补充，这些有机质大部分已经转化为 HM（腐殖质），少部分转化为 AOC，有机质每年除被消耗掉之外，还有一部分积累下来。这就形成了土壤有机质含量逐年上升的趋势。

可见种养结合既是农畜业效益双提升的良方，又是土地永续耕作的保障。所以我国多年来普遍存在的规模农业与规模养殖业分离的格局需要变革。

6.3　为种养结合物质循环创造条件

种养结合绝不是简单地把养殖业的废弃物、排泄物分散到地里了事。如果这么做，很可能产生严重的有机污染。笔者考察过多处不当的"种养结合"使农作物损毁、农业环境变得一团糟的实例。所以在规划种养结合时要注意如下几点，为种养结合平衡且可良性循环创造条件。

6.3.1 设计好养殖排泄物的处理模式

以养猪为例，养殖排泄物处理模式有很多种，选择哪一种首先要看后端消纳体系的容量，否则就可能造成消纳能力小于产生量，使系统循环不下去而失败。

以下分析现有猪场排泄物的四种处理方式：

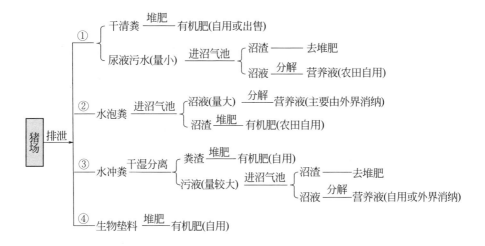

从以上四种处理方式可见：

① 方式：产出的营养液很少，附近农业区完全能消纳；而产出的有机肥量较大，附近农业区用不完，出售也方便。

② 方式：产出的沼液量很大，经分解后的营养液肥效比较高，要求附近消纳的农田面积大。

③ 方式：产出的沼液量较大，要求附近消纳的农田面积较大。

④ 方式：没有沼液，堆肥肥效高，但由于垫料粗糙产出的有机肥品相不好，作商品有机肥卖价不高，应尽量由自有农田消纳。这种方式的缺点是垫床管理较复杂，优点是猪舍臭味小，而产生的垫料经二次堆制后肥效高，微生物丰富，农田坚持使用能逐渐形成生物动力农业模式。

其他养殖品种可参照上述 4 种方式作出选择。这里要特别提到规模养牛场，最好采用②方式。因为牛粪肥力低，分离出来堆肥不如全部进入沼气池，经转化为沼液再分解为营养液输送到牧草地，解决了牧草用水和80%用肥，经济效益和环保效益都非常好。

6.3.2　选择经济高效环保的转化技术

经济，就是要因地制宜，不盲目照搬别的模式，更不要追求"高、大、上"。选择最适合自己规模和自身环境而投资较小的技术模式。

高效，就是排泄物转化的产品既安全而又有高肥效。

环保，就是除了在农田、山林、湿地和鱼塘消纳外，不对外排放。而且排泄物在流转和加工使用过程中尽可能做到全程无臭。

以目前全国养殖排泄物处理各主要技术对比来看，固体堆肥应用BFA发酵技术、沼液应用有机碳菌液分解技术，最符合以上"经济、高效、环保"的要求。

6.3.3　消纳体系的设计

本节主要讨论分解液的消纳，因为固体有机肥用不完可存放也可出售，基本上不存在消纳的困难，而每天源源不断地产生大量的分解液却难以贮存，也不可能长途运输销售。

分解液的消纳量受多方面因素的影响，如分解液的浓度（以含固率表示）、农田土壤肥沃程度（以有机质含量表示）、种植农作物种类、旱季雨季、附近有无鱼塘和湿地等，不可能用一个公式概括其计算方法。以大田作物一年两茬为例，半干旱地区，土壤有机质含量2%左右，沼液含固率以2%计，每亩每年可消纳分解液约100t，分5～10次排灌。

以上述每亩100t为参照：降雨量大的地区少灌，干旱地区多灌；短期作物少灌，果林多灌；鱼塘少灌，湿地多灌；土壤肥沃少灌，贫瘠多灌；农田休耕期或苗期少灌，作物旺长期多灌。

例如某农庄有土地2000亩，由大田作物和果林组成，准备配搭养猪，并采用水泡粪形式进行种养结合，怎样设计存栏量和处理设施呢？

通过上述数据可做如下计算：

2000 亩×100 吨/（年·亩）＝20 万吨/年（全年可消纳量）

20 万吨/365 天≈555 吨/天（每天允许液量）

根据一般经验，水泡粪模式平均每头猪每天出污液量约 30kg，生猪存栏量为：$555×10^3kg/30kg＝18500$（头）

可见该农庄允许生猪存栏 18500 头。具体养殖中存栏不超过此数，一定可实现完全消纳，对外零排放。

处理设施主要是沼气池和分解池、储液池。

沼气池应容纳 15 天的污液量，其容积为：555 吨/天 × 15 天＝8325t

8325t 容量，实际按 8500m³ 建，最好建造两个 4250m³ 的沼气池，两池轮流进液出液。

分解池 6 个，每个容积为 2 天沼液量：555×2＝1100m³，实际建筑按 1200m³ 建。储液池应可容纳 3 个分解池的量，即储液池容积为 1100m³×3＝3330m³，实际建筑按 3500m³ 建设。

在自养自种的农场，可根据地形尽量把储液池分散建到各个种植小区，通过泵系统把分解池产生的营养液直接输送到各小区的储液池，各小区种植园需用营养液时由该储液池抽出即可。有条件的农场这个处理和灌溉系统可以实现全自动化操作。

6.4　自然村的种养结合

在执行前述一系列新的技术措施之后，畜禽养殖业可以实现全程无臭和废弃排泄物的循环利用，这就为重新复兴农村养殖业创造了条件。

不管未来工业化程度和城市化程度多高，农村一定不能"空心化"，农业是国家强大的重要支柱不会变，国家要发达，农业就应同步发展，实现现代化。农业现代化，乡村要振兴，首先要让两业（种养业）同步发展起来，才能带动服务业和加工业的发展，带富农民。

所以自然村的种养结合要重新启动，但必须根据新时代社会主义新农村建设的特点和需要进行，而不能重复旧式小农经济的家家散养，无序排放。归纳起来包括以下几个重点内容。

6.4.1　合理布局，循环通畅

对全村可利用土地进行总体规划，分出土地用途，合理设计种植大类和养殖品种，计算出种养面积比例，使养殖废弃排泄物经科学转化后能被本村种植面积全部消纳。

要规划小堆肥厂，把养殖业产生的畜禽粪便集中堆肥。农村生活垃圾分拣要实行严格管理，把有机生活垃圾和食品加工废渣集中送到堆肥厂。

农作物秸秆可就地处理还田的及时还田，不方便还田的都输送到堆肥厂破碎后参与堆肥。

要在每个养殖片区集中建沼气池和沼液分解池。在生活小区实行严格的涤污分流，洗涤水直接排雨水沟，每个家庭马桶水进入两格化粪池然后集中到小区大厌氧池，再抽到分解池。全村生产、生活有机废水分解液是浓度不同的两种营养液，养殖场的沼液分解液较浓，应输送到农田果林；生活小区的化粪池水分解液较稀，可直接输送到鱼塘、湿地和道路周边景观植物。湿地尽可能种牧草，可发展牛、羊、鹅等养殖品种，还可养鱼。

通过以上合理规划布局，形成自然村种养平衡，农业生产和村民生活所产生的固液有机废弃物全部循环成沃土肥田的资源，农作物的养分。这是一种低成本、低能耗而又高产出的循环，为农村农牧业可持续发展、美丽乡村建设开创新格局、新模式。

6.4.2　立体种养，多业并举

农村种植业通常会根据当地习惯、气候水文、水旱农田、池塘湖泊、市场需求等多种因素，分别种植大田粮食作物、果树、杂粮、茶叶、瓜茄蔬菜甚至花卉等许多特色农产品。而养殖动物品种也可以根据市场需求和当地气候条件，选择猪、牛、羊、鹿、兔、鸡、鹅、鸭、鱼、虾、蟹等不同品种。

把种植业和养殖业结合起来，除了可以形成物质循环的巨大利益外，还可以把过去农村难以利用的山丘、边坡、河沟、湿地都充分利用起来，使养殖小区（品种）和种植小区合理布排，立体种养、就近循环、多业并举。例如，利用荒山丘开辟养殖场，养牛养羊养猪，利用边坡和湿地种牧草，利用河沟和边坡养鹅养鸭，利用果林养走山鸡，池塘湖泊除养鱼虾蟹外，还可以吊养水生蔬菜，通过湖边美化绿化开辟休闲观光业。在规模较大的自然村，由于立体种养、多业并举，很有条件发展旅游业、餐饮业和农产品零售（网购）业。

以物质循环为主线，立体种养、多业并举，创建集农、工、商、旅游、服务等行业于一体的现代化美丽乡村，是完全能实现的。

6.4.3　合作分工,促进就业

在农村产业布局中，产业的组织形式是回避不了的问题。农村新业态的产业应以农村村民集体所有制为主要形式。原因如下：

① 立体种养全面规划布局，必然动用到全村所有土地环境资源，只有集体所有制才能顺利整合利用这些资源。

② 只有强大的农村集体经济才能对接市场经济，对接城市消费市场。每家每户单打独斗的经营方式，只能在村镇集市摆小摊。而集体经济有规模、有信誉、有人才，便能与新时代信息化的市场经济接轨，在市场的推动下稳步发展。

③ 只有集体经济才能有效获得村民、社会、金融系统和政府多方面资金的投入，获得政府惠农政策的扶持，从而使有关产业快上马、快发展。

④ 只有成规模的多行业的集体经济，才能较好地整合农村人力资源，使集体经济获得充分的人才支撑。例如一个养猪场，如果是由一户

农民自办,他要一个人面对资金、财务、土地、基建、育种、饲料、雇工、防疫、治病、防灾、环保、生猪销售等许多方面的问题,其中一个方面一个环节卡住了,就随时会产生连锁效应。所以一个成功的养猪场农户,是由大量时间和金钱造就的。而集体经济则可以将人力资源整合分工,上述各环节都由相关的专业人士去管理。有的人(或小组)可把全村各产业的同一业务统管起来,例如村集体的会计小组可统管全村各产业单位的账目;村集体经联社可对接金融单位,然后向各产业单位放贷款;一个兽医小组可管理或指导全村各养殖场的防疫治病……

⑤ 有利于全村各种技能各种劳动力统筹安排,使有专长和有一定劳动能力的人都有事做。农村中尤其中老年人,已经失去了外出务工的能力,但是在本村产业中做事,许多人是很愿意的。多业态的集体经济,正适合按照他们的能力及身体情况,安排适合的工作,他们也可由此实现自我价值。

⑥ 农村集体经济的发展,必然催生加工业、营销业、服务业和旅游业,这就能逐渐吸引外出人才回流创业,也有利于大专院校毕业生到农村就业。

6.4.4 经济杠杆,集体富裕

新型农村集体经济一定不能走老式集体经济的老路。新型农村集体经济要很好地应用经济杠杆,以投资多元化和股份制的形式组建新的集体企业。建立股东权益与劳动者权益并行的机制,股东对企业有决策权、人事任免权和财务分配权,劳动者有按劳分配和按贡献获奖权。

农村集体经济不排斥个体经济,在各方自愿的前提下,村集体可把部分生产任务发包给个人,也可把个人产业的合格产品纳入村集体对外销售的盘子里。通过成规模的发达的集体经济促进村民就业,带动个体经济的共同发展,就能实现全体村民富裕,使农村充满生机。

第7章
固液有机废弃物资源化利用的区域整体推进

7.1 新时代新目标呼唤创新处理技术

我国已进入社会主义建设的新时代，对大量固液有机废弃物的处理目标不是消灭、减量化和达标排放，而是无害化和资源化转化。固液有机废弃物在我国几千年农业文明中并没有作为被消灭和排放的对象，而一直是被以各种形式转化为土壤的改良剂和农作物的肥料，这就是农业物质循环之路。只是在近几十年我国工业化迅猛发展过程中，大批量产生的固液有机废弃物无法返回它的出生地——农田。现在全社会都从惨重的环境代价中得到了教训，一致认识到，旧式的"消灭"或"排放"之路是行不通的，必须回到"农业物质循环"的路子上来。当然，这是历史上那种简单的局部农业物质循环处理技术所无法胜任的，而现行的"消灭"或"排放"技术更不适合时代的要求，这就亟需研发和应用创新的处理技术。

很长一段时间以来，世界各地都把有机废弃物的转化利用技术聚焦于各类微生物，并取得了许多成果并加以应用，但是只有当"碳转化"技术研发出来以后，才使微生物技术的应用向深度和广度延伸。对一些领域的有机废弃物例如高浓度有机废液，微生物无能为力，而"碳转化"技术引导开发了"DOC→AOC"工艺模式，可以根据物料不同形态分别使用化学裂解、高能物理碎解等方法使有害的高浓度有机废液转化为高浓度高价值的植物有机营养液；而对低浓度有机废液，用"碳转化"理念作指导，通过微生物分解可以在更短时间内以更低的成本使这种废液转化为可以直接用于农田的有机营养液。

还有广为应用的沼气技术、酶（酵素）技术、超低浓度有机废水的微动力生物分解技术、生物絮凝的有机废水固液分离技术、生物吸收净化技术、无臭免翻堆自焖干堆肥技术、简易高效的秸秆还田技术、专业的餐厨垃圾处理技术以及对各种类型固体有机物料的处理设备，等等，都可以作为完成固液有机废弃物资源化利用的目标而集成创新的元素或模块，加快我国农业物质循环在更高的水平上迅猛发展。

7.2 创新有机废弃物转化利用机制

一般来说，新技术新产品的应用都要得到权威机构或行政权力机关的认可，这种认可过程十分复杂和严格。而许多废弃物"包装"成"正规产品"得到认证或生产许可证，开发成本和生产成本提高了，这些本就低价值的东西就推广应用不了了。这些低价值的有机废弃物的社会总量非常大，弃之就变成重大污染源，转化而用之就是沃土肥田的宝贵资源。如何确定一种"转化物产品""无害"和"有效"呢？当然要有一定的专业性和必要的权威性，例如对沼液分解液，在具备必要的"无害化"化验结果后，进行"验证"程序，用盆栽或几种作物进行适当面积的应用，通过应用结果下结论。

某省沼液肥料化试点的验证程序：

目前我国因养殖和生物质能源两大行业产生的沼液量极大，传统的沼液处理或利用技术已经不能适应。如果不走肥料化之路，势必对这两大行业的发展产生极大的制约，对环境生态形成巨大的胁迫和危害。

沼液肥料化的碳分解技术是李瑞波多年研究的成果，该技术已在河南南阳、安阳和福建永春、诏安等地的养殖企业成功地进行了应用。这些成果在其主笔的《生物腐植酸与有机碳肥》和该著作第二版先后作了报道和描述，其核心技术就是把沼液这种高度缺氧的、内含物是对土壤和农作物均有害的水溶有机大分子（DOC）的有机液体，通过带碳养分的菌液的分解，变成内含物是对土壤微生物和植物均有益的营养物质——水溶有机小分子（AOC）的有机液体，从而通过"碳转化"（即DOC转化为AOC）把沼液分解成含碳的植物营养液（以下简称"分解液"）。这是一种有肥料价值和商业价值的产出物，可以形成一个新的产业，从而突破了农业物质循环的最后一道障碍。

为了尽快把李瑞波这一重大科技成果应用于海南的有机废弃物资源化肥料化工程，某某新能源建设开发有限公司（以下简称甲方）与李瑞波（以下简称乙方）经友好协商，一致同意以甲方沼液为目标，进行小规模的碳分解改造和产成品的实际应用验证，特此作本方案并报省农业厅和其他相关部门，以祈得到各方关心指导和见证，为验证通过后该成果在全省各地示范和推广打好基础。

（1）甲方的任务和责任

① 选择适合的地点，面积约（70×62）m^2，建立小规模沼液分解池，并为今后常态化转化分解（每日500t）做好准备。小规模分解池和常态化分解规划详见图7-1。

② 选择合适农作物作为产品（分解液）应用试验场

a.短期作物，例如叶菜（空心菜、小白菜、生菜等）选2～3个品种，每个品种 1 亩，每亩分 4 个方案，分"清水区""直浇区""兑 1 倍水区""兑 2 倍水区"。各区用普通化肥方案一致。

b. 中期作物，例如牧草、茄子、黄瓜、番茄选 2～2 个品种，每个品种 1 亩，每亩分 4 个方案，分"清水区""直浇区""兑 1 倍水区""兑 2 倍水区"。各区用普通化肥方案一致。

c. 果树，例如百香果、菠萝、香蕉、芒果、火龙果，选 2～3 个品种，每个品种 1 亩，每亩分 4 个方案，分"清水区""直浇区""兑 1 倍水区""兑 2 倍水区"。各区用普通化肥方案一致。

③ 在沼液碳分解工程区内建一个塑料大棚，面积约 100m²，种盆栽蔬菜，引种 3 种品种，每品种 4 个方案，分"清水区""沼液直浇区""分解液直浇区""分解液兑 1 倍水区"，每个方案 3 个重复即每个品种 12 盆。各盆同品种化肥施用方案一致。

④ 确定专案负责人，指挥协调各验证小组，做好本验证工程的日常管理，包括分解液输送、田间应用和观察记录、数据收集和拍照等，该负责人还负责与乙方指定的专人联络。

⑤ 甲方专案负责人与乙方指定联络人共同完成验证报告文件的起草。

⑥ 负责邀请省农业厅和其他相关部门代表参加指导和验证工作。

(2) 乙方的任务和责任

① 负责沼液分解工程的技术设计，包括小规模分解工程和常态化分解工程。

② 负责免费提供小规模分解工程所需的有机碳菌液。

③ 指定专案联络人与甲方负责人一起审定各应用小区的应用方案和日常管理措施。

④ 审定验证报告。

(3) 重点验证内容

① 沼液分解前后的物理、化学指标，主要有：颜色、气味、有机质含量、有效碳含量、电导率，全氮、全磷、全钾、CH_4、H_2S、NH_3 含量。

② 盆栽应用对比：应用方法描述、图片，生物量计量、分析

评价。

③ 各种植小区应用对比：应用方法描述、图片，生物量（或收获物）计量、分析评价，果树应用选择 2 个品种进行干物质检测和对比评价。

④ 由于盆栽、短期作物、中期作物和果树物候期差异很大，所以应根据各应用作物的不同，分阶段分品种及时进行各别验收，完成一个总结一个。

⑤ 分解液对提高沼气产量的验证：由理论推导和农村小规模沼气的多次试验，说明沼液经由有机碳菌液分解为有机小分子营养液后，输入到沼气池中能明显提高沼气的产生量。本方案拟将部分分解液反向输入均质液一起进入沼气池，测试沼气产生量变化的情况。如果验证结果证明分解液在大型沼气工程同样可以明显提高沼气产量，不但能自我消纳一部分分解液，还可以提高新能源企业的经济效益。

（4）关于沼液分解工程的小规模设计和常态化工程规划

① 沼液分解为含碳植物营养液的目标是无害化和肥料化。

② 沼液分解为含碳植物营养液的原理是：应用含碳养分的微生物菌，在稀释和适度溶解氧的条件下能快速繁殖，从而在较短时间内（10～12 天）完成对沼液的分解，把沼液内含物的主要物质 DOC（水溶大分子有机碳）分解为 AOC（水溶小分子有机碳），AOC 就是土壤微生物和植物可直接吸收利用的有机营养。

③ 分解和消纳系统流程：

④ 本方案工程平面布置示意图：

说明：

a. 本规划建 6 口分解池、1 口储液池。每口分解池约 1100 m³，足可容纳新能源公司目前规模 2 天的沼液产量。今后每 2 天注满 1 池（同时

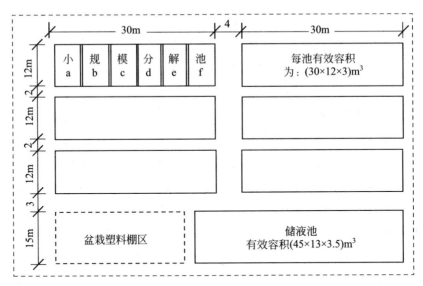

图 7-1　工程平面布置示意图

加入有机碳菌液），可保证 12 天 1 个轮回，也即新能源公司今后向外提供的不是沼液，而是肥料价值大约每吨 120 元（含运费）的含碳植物营养液。

b. 本方案只建总规划 6 口分解池中的第 1 口，并把它隔成 6 个等体积的小池，每个小池容积约 160m³。小池之间隔墙应能抗侧压。在验证阶段每两天灌满 1 小池沼液（同时加入有机碳菌液），在第 6 个小池灌满后，第 1 个小池的沼液已经分解 12 天，分解完成，可以抽出使用。

c. 今后规模化正常生产时，把第 1 口池中的五道隔墙拆掉，或在隔墙底部凿个大洞，就是规划中的第 1 口分解池了。

d. 池区可露天运作，即使下大雨（以 12 天中雨量 100mm 计），无非是使分解液加入三十分之一左右的雨水，对产品肥效影响甚微。但为了工作人员方便工作和工作区域文明生产，也可在分解池区加盖钢构大棚（不建围墙）。

e. 各分解池有效深度 3m，建议池的墙面高出地面 1m 以保安全。

f. 池管网系统示意图如图 7-2 所示：

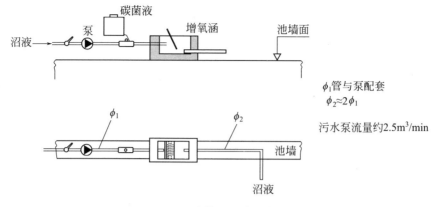

图 7-2　池管网系统示意图

ϕ_1管与泵配套
$\phi_2 \approx 2\phi_1$

污水泵流量约2.5m³/min

.　g. 规模化正常生产，全系统管网设计另补。

（5）方案推进程序

① 甲方是本方案实施的主体，后续要组织人员，包括聘请专业人士兼职，成立本验证方案实施小组，乙方指定专人作技术顾问，在小规模分解池建造完毕后，于甲方所在地召开筹备会议，推动各子项目的启动。

② 对验证方案中各农作物和目标地点、实际面积，都要制定具体的应用方案，要落实执行人，落实进度，形成文件作为本方案的附件。

③ 请求省农业厅大力支持，要求有关地方的县农业局指定专业人士为各子项目（农作物应用试验）提供指导和参与验收评价。

④ 各阶段性总结由实施小组会同专业人士完成。

⑤ 在各子项目基本上都完成后，甲乙双方和省有关方面的专家一起召开"沼液的肥料化转化经验汇报会"。

⑥ 将上述汇报会发言摘要和总结报告呈报省农业厅和省政府分管领导，请作出后续示范推广的指示。

以上是积极推进合理转化有机废弃物的政策机制，但还需根据各地实际情况创新推广应用机制，以达到对转化产物的就近消纳、完全消纳。

7.3 城乡一体，合理布局

城乡一体，合理布局，是有机废弃物资源化利用区域整体推进的重要原则。城市是有机废弃物产出的密集区，而城市自身消纳的能力却很低，因此要走有机废弃物资源化利用之路，必须依托农村广阔的农田、湿地、山林。而有机废弃物要由城转乡，必须产生经济效益和环保效益，才能持续，这就是强调城乡一体，合理布局的原因。城市产出的有机废弃物，通常有如下几大类，为了表达方便在此以代号示之：

Ⓐ垃圾分拣的有机垃圾；Ⓑ园林废枝叶；Ⓒ食品厂和中药厂废渣；Ⓓ规模餐厅的厨余垃圾；Ⓔ污水处理厂粪渣和污泥；Ⓕ屠宰场的下脚料和病死畜禽；Ⓖ生活区化粪池液；Ⓗ垃圾填埋场渗滤液；Ⓣ废果汁废饮料；Ⓤ废果烂菜。

农村除了有上述部分有机废弃物外，还有如下几类：

Ⓥ畜禽粪便；Ⓛ农作物秸秆；Ⓜ病死畜禽；Ⓝ沼液。

城市固液有机废弃物最终要转化、消纳于农村土地。但从运输成本考虑，从对运输沿途环境的影响考虑，城市的这些废弃物相当一部分应该在城市进行分离或预加工，再运送到农村的加工厂进行深加工，最终成为可供农作物和水产养殖塘使用的肥料。

城乡一体，合理布局，将城市大量有机废弃物变成农业的肥料资源，并大大减轻城市的环境压力和污水处理厂的负荷，是功在当代、利在千秋的大事。

现介绍上述各种有机废弃物分类加工的布局方式，如图 7-3 所示。

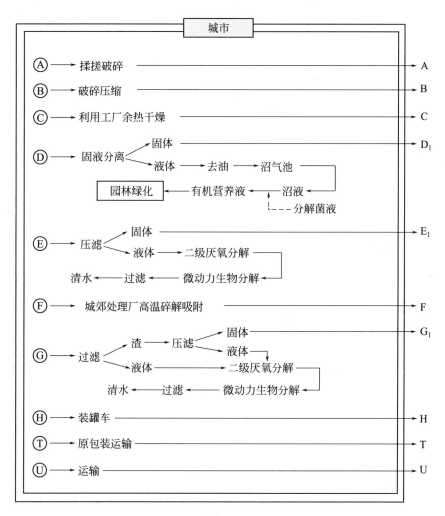

图 7-3

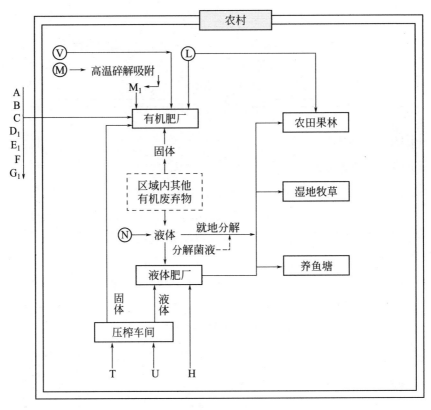

图7-3 城乡一体化的有机废弃物处置布置

7.4 把种养结合推进到盐碱地改造中去

我国中重度盐碱地面积约5亿亩,其中大部分呈荒废状态,少部分种植农作物,也是低产田,谈不上经济效益。国家长期重视和支持盐碱地改造,几十年来大量农业科技工作者致力于探索盐碱地改造技术。但只有局部取得较好成效,大部分改造成效不显著:不是改造成本太高难以取得经济实效,就是容易返盐,改造效果不能持续。

要啃下"几亿亩盐碱地改造"这块硬骨头，首先要深入了解它的"脾气"和"个性"，有针对性地采取措施。盐碱地危害庄稼，当然是因为盐度高、碱性大。但盐怕淡水，碱怕有机肥和腐殖质。坚持淡水冲灌渗透，用大量有机肥压碱，盐碱地改造自然会成功。但是成本的问题来了：大量淡水和有机肥需要大量开销，盐碱地改造成本成了大问题。

这里把思维方式转换一下：如果淡水和有机肥都基本不花钱，问题不就得以解决了吗？出路就在这：种养结合，把大型养猪场或奶牛场办到盐碱地去。从淡水源引淡水到养殖场，淡水的成本全部摊到养殖业了，用沼液分解液浇灌盐碱地，就在带去肥的同时也带去了免费的水，猪牛粪便就地建厂堆肥，用到盐碱地上的有机肥每吨成本约 200 元，比市售运来的有机肥成本低 80％。这就把盐碱地改造所需的两种主要原料都在超低成本范围内解决了。盐碱地改造还有另一项重要成本，就是排水系统：建造沟渠和管道把洗出来的盐水不断排掉，这工程费用也不小。实际上除了少数引盐水出去的主沟外，农田的排水支沟和小横沟都不必用管道，用管道投资大；也不必用明沟，用明沟占地多，实用种植面积就少，这也影响成本。排水支沟挖深，埋大捆玉米秸秆；小横沟挖浅，埋小麦秸秆或其他作物秸秆；支沟和小横沟上都覆土可以种植。在大量水渍和肥料中微生物作用下，这些秸秆两年内都会变成腐殖质，开拖拉机深翻打碎，这些腐殖质都被混到上层泥土中，这使耕作层成了良田沃土，并彻底切断了深层盐分上升的毛细管，使其永不返盐。而排出的含有丰富有机营养和微生物的低盐淡水正是水产养殖的好水质，可在种植区外围发展水产养殖业。

以上改造的实现，只欠一个条件，就是大养殖企业把大养猪场、大养牛场办到盐碱地去。只要按每 8 头猪当量对应 1 亩地，改造第二年即可种植饲料作物，此后以 5 头猪对应 1 亩地保住已种植农田，另 3 头猪再加 5 头猪的当量又去改造 1 亩新地，如此不断增加养殖存栏，不断扩展改造和种植面积，养殖场饲料自给率将达到 60％以上。这是一种新型的大规模低成本改造盐碱地、零排放零污染生态养殖模式。这种通过种养结合缔造农作物、养殖业、水产业三丰收的盐碱地改造利用新模式，将成为世界级的农业新模式。

7.5　整体推进中的政府担当

7.5.1　整体推进的牵头者和管理者

有机废弃物资源化利用是全社会性质的伟大工程，是国家绿色发展的首要课题之一，也是各级政府重要的长期的任务。所以在区域整体推进中，各区域的政府就要充当牵头者和管理者，组织和引进有关专家和专业队伍，攻关克难，做好本地区有机废弃物资源化利用的整体布局和阶段性规划，并通过一定的法律程序形成有权威性的、可持续性的指导文件。

7.5.2　创新机制的推动者

有机废弃物资源化的区域内总动员，随着整体推进和不断提升、不断深入，牵涉全社会几乎所有单位，覆盖工、农、商和生活小区多种行业和层面，用陈旧的处理技术大部分行不通，陈旧的处理机制也不适应了，因此必须应用实用而先进的新处理技术，还要构建创新的运行机制。在这个问题上，当地政府应责无旁贷地担负起引领推动的作用，把相关的社会资源组织起来，交由合适的机制去调配运作，才能形成既有制度性、强制性的保证，又依靠市场经济的规律长期稳定地运行。政府自身应担负宣传、教育、监管的职能，保证区域内一切有机废弃物的转移、加工、消纳和项目资金的分配使用，都要按区域布局和规划进行；要选择合格的第三方转化单位，给予必要的政策扶持，使之运作得起来，坚持得下去，逐渐扩大其自主自立能力，成为区域内有机废弃物资源化的强大主力军。

7.5.3　抓两头，树样板

要抓好有机废弃物源头的监管、合理收集和粗加工，为转化单位创造良好前提条件。还要抓好消纳端，这就是农田、果林、湿地和鱼塘的承接应用。根据就近和经济合理的原则，把有机废弃物转化而成的堆肥和有机营养液分配到消纳方去。政府对消纳方也应给予鼓励，例如资助建田头贮液池、高位水塔、滴灌管网等。

要通过试点应用，取得效果，整理出应用方法和经济效益，树立坚持应用有机废弃物肥料的农场农庄样板，让区域内农业从业人员有样板可学，有经济账可算，争先恐后地要求成为消纳方，促进当地常态化地实行农业物质循环，形成建立在农业物质循环基础上的高优生态农业。

7.5.4　建立乡镇堆肥厂和配肥站

在农业县，一般一个乡镇拥有几万亩农田果林，每年需几万吨有机肥，还可消纳上百万吨沼液和化粪池液的分解液，因此应在每个乡镇或两三个乡镇范围建立一家年产 2 万吨以上的无臭免翻堆肥厂，并在范围内各个农田集中片区分别建几个液肥配肥站，以便向农户提供不收包装费的液体肥。

图 7-4 是某乡镇有机废弃物制肥配肥和消纳系统的规划。

农业县的主要产业是种和养，在过去三十多年间，我们种养结合的优良传统却中断了，于是造成了土地贫瘠和环境污染。在许多养猪大县，除了部分猪粪被乱用外，沼气池或化粪池的污液几乎都被变着法子偷排掉。这中间除了认识上和处理技术上的问题外，还与有机废弃物资源化没有形成合理布局有关。

农业县各乡镇或两三个乡镇建立规模有机肥厂，集中处理区域固体废弃物和大部分养殖污水，并指导（或联合）分散养殖区养殖污水就地分解、就近消纳，这样安排便是区域总体推进布局的基础。

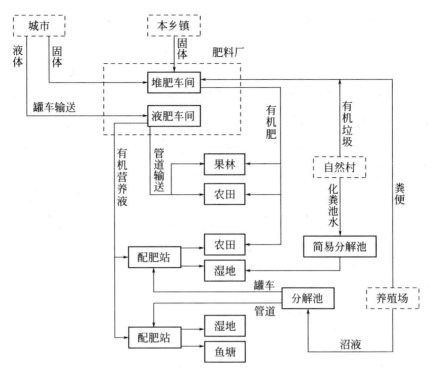

图 7-4　乡镇范围固液有机废弃物转化消纳体系示意图

　　乡镇设立规模有机肥厂，不但能使当地有机废弃物得到及时的充分利用，"为社会打扫了卫生"，还使有机肥能更广泛更经济地分配到每一亩农田、每一块果林，使给土地补充有机质成为常态化和制度化的行为。无论对于经济、环保，还是区域可持续发展，都是"有百利无一害"的。

7.5.5　建立种养结合的新型合作化产业群

　　种养结合是新时代农业产业的重要模式，也是农业物质循环的最好载体。合作化是新时代的特色和产业发展的必然要求。
　　过去的小规模单家独户的种养结合，在农村几近无立足之地了，这是由于土地资源问题和对接市场问题都解决不了。除了自给自足式的种养结合，否则一定亏损。试设想：一个小农经济家庭，搞种植、搞养殖，要涉及土地资源、种植管理，还要懂得养殖种苗、饲料、防疫，更要对接国土资源局、环保局、畜牧局、乡镇畜牧站、市场销售，等等。一年到头非常辛苦却经常在微利线上挣扎，一旦出现重大疫情或价格大幅波动，就会一夜之间跌到赤贫。

所以各地政府在规划引导农村种养结合时，必须向适合当地情况的合作化方向推动。合作化一定要把集体经济作为基础，采取引进资金、村民资金股份制等方式，组成多种专业的或综合性的农业合作社和大型农场。这就可以在内部管理上实行专业化分工，各司其长，对外可对接社会资源、可引进先进技术、可通过信息化等手段对接城市消费群体。新时代的农村经济，说到底却是城市经济，因为它的市场在城市，所以这就更凸显出合作化的必要性。

农业县以种养结合为抓手，把农村大量资源和劳动力组合起来，按地域或行业组建多种形式的合作社，就可以大大提高农村的生产效率，推动农村的经济繁荣和文化振兴，农村"空心化"问题便会自行破解。

以种养结合为主线，以新型合作化为载体，将是乡村振兴的重要模式。农村将由此而迎来生产力大爆发的新时代。

7.6 整体推进案例一：
大糖业基地物质循环规划

糖业基地物质循环也就是把涉糖制造业的固液有机废弃物，经碳转化技术，转化为固体和液体有机肥，达到全区域内零污染、零排放和沃土肥田的常态化。

糖业基地固液有机废弃物的分布如图 7-5 所示。

应用 BFA 免翻堆自焖干堆肥技术和有机碳菌分解技术，以上固液有机废弃物都可以转化成肥料全部回蔗田，如图 7-6 所示。

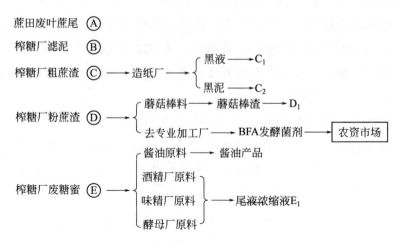

图 7-5　糖业基地固液有机废弃物的分布示意图

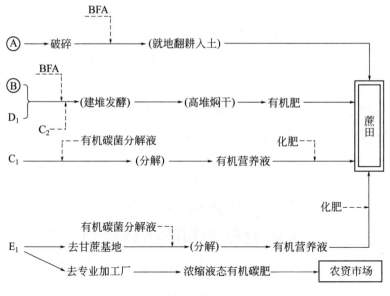

图 7-6　糖业固液有机废弃物转化成肥料回归蔗田示意图

　　由此可见：糖业产业从蔗田到制糖到各衍生产品的生产，所有的固液有机废弃物都因"碳转化"技术而得到肥料化利用，其中除一些高端高价值产品外，全部实现回归蔗田，实现了区域内的农业物质循环。这样的循环使糖业基地实现零污染、零排放，还新增了巨大的社会财富，以下是经济测算。

年产 10 万吨蔗糖的糖厂，以现平均亩产蔗 6 吨计，应占用约 17 万亩蔗田。这样的规模每年产生如下转化价值：

17 万亩蔗叶还田，相当于 17 万吨有机肥，价值 1.3 亿元，扣去发酵剂及加工费（占 30%），实际新增价值 9100 万元。

由滤泥、菌棒渣和造纸黑泥（这些物料的源头都是甘蔗）合成制造有机肥约 2.5 万吨，价值 1600 万元，扣去发酵剂及运费加工费（30%），实际新增价值 1120 万元。

17 万亩蔗田应用废液浓缩液稀释分解还田，每亩每年用浓缩液 75kg，可替代普通有机肥 1 吨 800 元，共替代有机肥 17 万吨，价值 1.28 亿元，而分解成本仅每亩 50 元，17 万亩，共 850 万元，实际新增价值 1.19 亿元。

以上是从替代有机肥方面计算，共新增价值 2.21 亿元。

再计算农民增收：按现有施肥方法，甘蔗平均亩产 6 吨，含糖量约 11.5%，平均蔗价约 500 元/吨，也就是说 17 万亩，蔗农一年总收入为 5.1 亿元。如果按本方案施肥，甘蔗平均亩产最少 7.5 吨，含糖量约 12.5%，平均蔗价约 550 元/吨，也就是说 17 万亩蔗，农民一年总收入可达 7 亿元，增收 1.9 亿元，增收幅度为 34.5%。

甘蔗实现"双高"，更得益的是糖厂。同样是一个榨季，以现有施肥方式，17 万亩甘蔗基地只能收到含糖率 11.5% 的甘蔗 102 万吨，实际出糖约 10 万吨；而按本方案施肥，可收到含糖率 12.5% 的甘蔗 127.5 万吨，实际出糖约 15 万吨，增产 50%，经济效益提高 35% 以上。

糖业基地实现固液有机废弃物肥料化转化，就能实现甘蔗"双高"，使蔗农受益，糖厂利润大增，国家战略物资——糖的生产和可持续发展就有了切实的保障。

7.7　整体推进案例二：
某中心城市郊区的域内农业振兴规划

7.7.1　概述

　　某中心城市北郊农业区，规划范围50多平方千米，地处北回归线附近，气候温和雨水充沛，域内地形以平原为主，西北部有丘陵并向域外山地过渡，其间有小河和溪涧多条，湿地和池塘多处。由于城市总规划以此为农业区，只摆放一个小规模的工业园区，并严格不准污染企业入驻，所以本区域绿化良好，空气和水质都是本市最好的，被称为"城市后花园"。但域内近年农业发展比较迟缓，各自然村虽然富裕但环境不整洁，产业水平低，与中心城市对接程度比较差。本地的农业企业多家，规模和水平相差较大，都是单打独斗，发展思路不够。当地政府和群众普遍盼望能有一个总领全局的发展规划作指导，带动域内农业产业升级和农村环境的优化。

　　本规划首先确定两个关系：一是城乡关系，二是内部关系。城乡关系的内涵是：承接城市有机废弃物的转化和消纳，并为市民提供丰富优质的农产品和多样化的服务。内部关系主要突出如下几方面：龙头带动，全面提升；抓住主业，多产联动；合理布局，物质循环；专业分工，智能管理。

　　具体通过几个层次和板块的规划以实现上述两种关系。

7.7.2　对龙头企业的选择、定位和区域物质循环规划

　　区域内现有省级农业龙头企业一家（代号Ⅰ号企业），拥有可几十年经营土地2万多亩，主要种植果树、花卉，还经营肥料（面向周边农

户），并有相当规模的游乐、饮食业。该企业在当地发展中已作出一定贡献，正在寻求新的突破以带动一方农业的发展，故适合作为本区域农业发展的骨干力量和引领者。

在新时代本区域农业发展中，对Ⅰ号企业的定位是：提升产业规模质量，突出种养结合物质循环，服务域内农户，在高优生态农业方面发挥引领作用。

具体要着手做好以下几件事：

① 统筹域内土地资源，调整和优化产业布局，突出种养结合，构建生态农场、智能农场。

② 建立数家共存栏16万头的现代化自动化无臭无菌养猪场、存栏2万只山羊和存栏0.9万头奶牛场。

③ 建立年产15万吨有机肥料厂，消纳城市和本区域产生的固体有机废弃物。

④ 建立日处理2000吨养殖污水的分解和分配系统，使区域内全部和城区部分有机废水，（包括垃圾渗滤液）得到分解，成为有机营养液，通过管网系统分配到区域内菜地、果园和鱼塘、湿地。

⑤ 整理河滩湿地、利用有机营养液种植牧草、养鹅养羊，利用鱼塘消纳有机营养液养鱼。

⑥ 在本企业内所有果园实行绿肥作物覆盖治杂草，每年翻耕一次给土地补充腐殖质。也可利用部分果园绿肥养鹅。

⑦ 利用高优生态农业和物质循环技术样板，创办中小学生体验园和农业科技教育基地。

⑧ 利用本基地的示范和经验，引进专家教授对域内小农场和农户进行授课培训，推广科学先进的有机种植和施肥技术，并逐渐形成以本企业为领头羊的农业产业合作群。

⑨ 建立农产品加工基地，将域内农场农户的果蔬纳入统一收购、加工、销售，逐渐形成各农业单位的专业生产和一体化合作，不断提高各农业单位的生产效率，降低经济风险，从而实现区域农业的提质和增效。

⑩ 提升现有花卉产业和农业观光、餐饮业的水平，在智能和创意

方面加大投入，以适应现代社会尤其是青少年的需求，并把这些区域的功能延伸到主农业区，使域内大部分产业基地和转化基地都显现出观光、观赏、休闲和科技教育功能。

综合以上规划，域内农业产业之间物质循环的布局如图 7-7 所示。

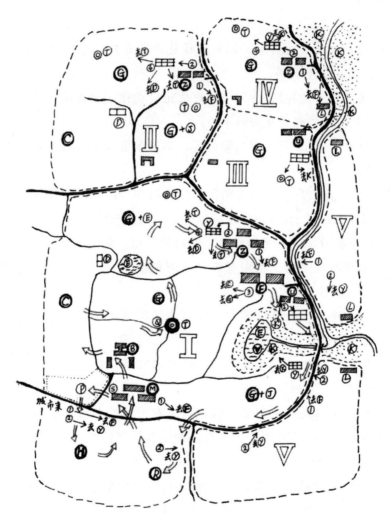

图 7-7　域内农业产业之间物质循环布置图

图例：

 主车道　　　▨ 建筑物

—— 支线车道　　⟹ 观光路线

池塘　　　◎ 高位贮液池

湿地牧草　　▢▢ 贮液池

区域标志：

Ⅰ—龙头农企；Ⅱ，Ⅲ，Ⅳ—附近农企；Ⅴ—自然村

主要项目：

H—花卉主题公园；R—美食街；M—果菜加工厂（附展示厅）；

B—农企接待及综合农业科普展；C—大棚蔬菜（附参观体验区）；

G—果园；Z—自动化无臭养猪场；F—无臭免翻堆肥厂；

U—奶牛场

专项设施：

Y—沼液分解池；T—液肥高位池；D—大棚区贮肥液池；

Q—高台观光亭；K—湿地；L—羊圈；S—果菜超市；P—停车场

物料及副产品：

1—固体有机废弃物、粪便；2—有机废水、沼液；3—有机肥；

4—有机营养液肥；E—鹅；V—鱼；J—鸡

7.7.3　域内农业物质循环的经济效益与社会效益论证

域内耕作用地 10 万亩，湿地 1 万亩，这是承纳部分市区及域内固液有机废弃物量的计算基础。这两部分每年能消纳固体有机肥 15 万吨，有机废液分解液（有机营养液）200 万吨。

部分市区每年计划向本区域输送固体有机废弃物（平均含水率 50％）10 万吨，可形成固体有机肥 7 万吨，本区域应自供足够制造 8 万吨有机肥的固体有机废弃物（平均含水率 60％）9.5 万吨，这 9.5 万吨有机废弃物来自域内各农场的养猪场和羊圈。根据有关资料，商品猪存栏 1 万头，每年可产出干刮粪 5500 吨，存栏 16 万头每年可得干刮粪

8.8万吨，还有0.7万吨固体有机肥原料必须靠羊粪来解决，按圈养山羊出粪量，羊存栏2万只。

16万头存栏的猪场每年可产生沼液分解液（即有机营养液）100万吨，允许部分市区每年向本区域输送有机废水80万吨来分解，此外还可消纳20万吨有机废水分解液，这些可由奶牛场来，按每头奶牛1天产出粪水80kg计，域内奶牛存栏可到达0.9万头。

林地养鸡既可防虫也可除杂草，是提高果园经济效益的一种措施。通常果农养鸡的密度约每亩50羽，将适合养鸡条件的果园划出1000亩来养鸡，每年可产肉鸡约10万羽，这是向观光客提供肉食和超市货物的重要资源。

通过种养结合和废弃物肥料化转化利用，新增肥料产业和养殖业每年经济效益测算如表7-1所示。

表7-1　域内种养结合新增主要产业效益表

项目	规模	年产值	利润率	年利润
有机肥料	年15万吨	1.2亿元	25%	3000万元
有机液肥	年200万吨	2亿元	30%	6000万元
猪	存栏16万头	出栏25万头,3.8亿元	25%	9100万元
奶牛	存栏0.9万头	年产奶10万吨,2.5亿元	30%	7500万元
羊	存栏2万只	出栏3万只,3000万元	30%	900万元
鸡	年出栏10万羽	500万元	30%	150万元
合计		9.85亿元		2.665亿元

另外还有两项增收：其一是果蔬因大量自产优质有机肥和有机营养液的应用，在适量补充化肥的情况下产量平均可增产25%，质量提升一个等级，总共提升经济效益30%左右；其二是旅游观光业和超市零售业的发展，每年可增收上亿元。

社会效益主要表现在：一是对周边小农业企业和村民经济的带动，尤其是湿地牧草和养羊业以及林下养鸡，对农村中老年人就业的带动；二是全域内有机废弃物零排放对环保事业的贡献；三是为市民提供物质和精神的多方面服务。

所以通过种养结合物质循环，加上智能化网络建设，使域内农业产业实现质的全面提升，跟上了信息化时代的步伐，并使城市有一个能展示新时代农业文明的后花园。

7.8 整体推进案例三：
某省级文明村产业布局和发展规划

7.8.1 概述

该省级文明村位于闽南沿海，现有 800 余户，全村范围 $5km^2$，世代耕山牧海，村民相对富裕。由于领导班子得人心，能办事，受到省市的重视和支持，村庄的基础设施得以大大改善。当前该村正努力筹划新的发展，为此帮助他们制定本方案。

该村发展目标为：科学规划，改旧建新；种养结合，三产联动；文明和谐，生态优先；合作创业，百年繁荣。以上目标包含旧村改造和新村建设，产业布局和农业文明，文化建设和生态建设，以及走"产业立村"的新型合作化之路。以下将这些目标分解为几方面的具体措施。

① 改旧建新：旧村改造要有拆有修，拆出公共设施和美化绿化用地，保留有文化和古建价值的建筑修旧如旧，让该村文化基因得以世代相传。新村建设要高起点和规格化，从生活空间到配套设施文化底蕴都要立足于 50 年不落后。新村居间安排要首先解决拆迁户和住房特困户。

② 种养结合分两部分：一部分是"牧海"，规格化高标准的对虾养殖塘，围堰外滩涂散养贝壳类和海水吊养牡蛎；另一部分是"耕山"，把村西的丘陵和湿地荒杂地开辟成种养结合的循环农业观光产业园区。

③ 三产联动：发展水产业、畜禽养殖业和高优农业，使全村第一产业总产值提高 200％以上；发展农产品、水产品和畜禽产品加工业，将加工业废弃物和农畜生产废弃物加工成肥料和土壤改良剂，使工业总产值从无到有，形成规模；利用渔村特色和示范高优农业，发展旅游观光业、餐饮业和网上超市，为周边大中城市的市民服务，使服务业从无到有，形成规模，并拉动第一产业和第二产业。

④ 文明和谐：创建宜居宜业环境，突出新时代精神文明建设，创办高质量的幼儿园、小学、村医务所和老年活动中心，建设"妈祖文化主题公园"，公园内除妈祖庙外还要设立小型海洋文化博物馆和专家楼。使该村成为传承优秀传统文化和新时代奋进精神模范村。

⑤ 生态优先：以全域内零污染、零排放和废弃物资源化循环利用为目标，引进多项先进技术，打造绿水青山。利用沿海风景和人文特色，建立全域内有山有海、有农有牧、有河有路、有树有花、有观光有体验、有美食网购超市的产业型服务特色小镇。

⑥ 合作创业：利用本地资源，引进先进技术，在循环经济框架下构建不同行业的新型合作化实体经济和规模企业，使本村实现工业产能从无到强、农业经济从弱到优、水产产业从粗放到精细和延长产业链的提质增效。通过以上不懈努力，力争十年内三产年总产值超 5 亿元，人均 GDP 超 10 万元。

⑦ 规划好本村党员队伍和领导班子的建设，培养和引进人才，做好产业与城市经济对接，集体财富的增值和再投资，组织村民的再学习和民主自治，不断提高第三产业在 GDP 总量中的比例，为本村百年繁荣开好局、打好基础，留下富有创造力和生命力的强大红色基因。

以下以种养结合、三产联动和生态优美为主要内容规划该村发展蓝图。

7.8.2　产业布局和生态建设规划

该文明村产业布局和生态建设规划如图 7-8 所示。

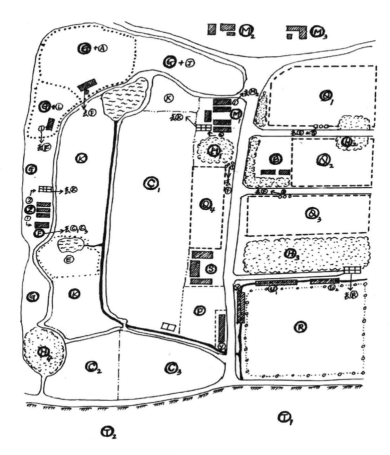

图 7-8　某文明村产业布局和生态建设规划示意图

图例：

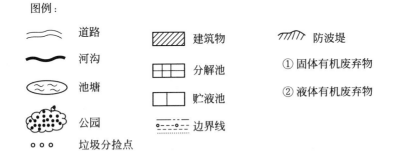

主要项目：

B—村委会；Z—规模养猪场；C_3—学生农业体验园；T_2—海水吊养区；

Q_1，Q_2—旧村；G—果林；R—海水养殖塘区；M_1—农海产品粗加工厂；

Q_3，Q_4—新村；C_1—塑料大棚菜区；T_1—滩涂散养区；M_2—蚝壳加工厂；

P—停车场；C_2—智能化无土栽培；H_1，H_2—休闲公园；M_3—农海产品精加工厂；

S—超市、土特产店；K—湿地牧草；F—堆肥厂；H_3—妈祖文化公园；H_4—观海亭公园

专项设施：

A—鹿苑；Y_1，Y_2—美食街；L—羊圈；U_1，U_2—海景宾馆；J—走山鸡；E—养鹅区

7.8.3　域内产业总产量及经济效益

① 水产业（略）。

② 塑料大棚蔬菜：1000 亩，年产值 3000 万元。

③ 智能化无土栽培：250 亩，年产值 1300 万元。

④ 农业体验园：350 亩，年产值 400 万元。

⑤ 果园：2000 亩，年产值 2000 万元。

⑥ 湿地牧草：1000 亩，年产优质牧草 3 万吨，产值推到鹿、羊、鹅统计。

⑦ 走山鸡：放养 300 亩，年出栏 20000 羽，产值 100 万元。

⑧ 鹿：放牧面积 500 亩，年出栏 2520 头，产值 1000 万元。

⑨ 羊：放养面积 200 亩，年出栏 2000 只，产值 300 万元。

⑩ 猪：存栏 5000 头，年出栏 8000 头，产值 1200 万元。

⑪ 鹅：存栏 500 羽，年出栏 1500 羽，产值 25 万元。

⑫ 堆肥厂：年产有机肥 5000 吨，产值 400 万元。

⑬ 沼液和化粪池水分解为有机营养液，每年 8 万吨，产值推到果菜和水产养殖。

⑭ 农、海产品粗加工厂：年产值 400 万元。

⑮ 蚝壳加工为土壤改良剂，年产量 3 万吨，产值 2400 万元。

⑯ 农、海产品精加工厂：年产值 4000 万元。

⑰ 超市和土特产店：年营业额 2000 万元。

⑱ 美食街：年营业额 2000 万元。

⑲ 海景宾馆：年营业额 1000 万元。

其余观光、文化、医疗等服务收入暂不计入。以上产业合并统计如表 7-2 所示。

表 7-2　全村各产业产品统计表

项目	规模	年产值/万元	利润率/%	年利润/万元
大棚蔬菜	1000 亩	3000	35	1050
智能化无土栽培	250 亩	1300	35	455
农业体验园	350 亩	400	30	120
水果	2000 亩	2000	30	600
鸡	20000 羽	100	35	35
鹿	2500 头	1000	30	300
羊	2000 只	300	30	90
猪	8000 头	1200	25	300
有机肥	5000 吨	400	30	120
产品粗加工厂		400	20	80
产品精加工厂		4000	30	1200
土壤改良剂	3 万吨	2400	30	720
超市商店		2000	25	500
餐饮业		2000	30	600
宾馆		1000	35	350
合计		2.15		6520

注：水产养殖产值未计入。

7.8.4 综合效益和发展前景

以上数据仅为农牧业、加工业和餐饮服务业的统计，还有水产业和商业尚未统计入其中，这两部分又占据了半壁江山，所以该村在实现以上目标后，年 GPD 总值可达到 5 亿元，人均 GDP 10 万元。

除了经济效益外，生态环保、文化事业、休闲康养和旅游观光业还会随之快速发展。该村将出现几大特色：水产加工产品品牌、超市网购服务品牌、智能化观光农业样板、三产联动样板、山海特色旅游观光业样板、和谐繁荣文明村样板，其示范作用和政治意义十分重大。

结束语

在社会主义建设新时代，农业和农村正在经历前所未有的大调整、大变革。要保障这种变革沿着科学、绿色、高效和可持续的轨道发展，就要让二十亿亩土地向"富碳农业"目标演变，要坚定持续地对耕地实行多渠道多层面的"碳覆盖"，这就要解决好有机废弃物无害化肥料化的"临门一脚"——碳转化。在本书结篇之际，把这种理念形象化地概括为以下几个定式：

$B+AOC$：土壤活性物质的精华；

$DOC \rightarrow AOC$：有机废水无害化肥料化的途径；

$OM \rightarrow HM+AOC$：有机物质肥料化的终极目标；

$HM+AOC+B+O_2$：生物动力农业的密码；

$AOC/(N+P_2O_5+K_2O)=0.25$：造肥施肥阴阳平衡的最佳态。

"富碳农业"只是修复土壤、恢复土壤自肥能力的第一步。本书也只是"富碳农业"模式的一家之言，绝不是唯一，更不是全部。我们必须抱着对自然、对土地的敬畏之心，继承祖先农业文明的基因，珍惜资源，善用资源，对当今全国乃至全世界的先进农业技术进行集成创新，发扬"农匠"精神，勤勤恳恳、踏踏实实地务农，创造中国特色的新时代农业文明。

参 考 文 献

［1］尼尔·布雷迪，雷·韦尔. 土壤学与生活. 北京：科学出版社，2019.

［2］李瑞波，吴少全. 生物腐植酸与有机碳肥. 第二版. 北京：化学工业出版社，2018.

［3］李瑞波，李群良. 有机碳肥知识问答. 北京：化学工业出版社，2017.

附　录

从事农业物质循环的部分研发和产业单位（排名不分先后）

单位	联系人	电话
中国科学院亚热带农业生态研究所	印遇龙	13974915255
中国农科院农业环境与可持续发展研究所	朱昌雄	13810807678
中国农学会	王　旭	18601185880
中农集团控股股份有限公司肥料部	耿世军	13605491679
中国创意农业美丽乡村联盟	张　彬	18072913367
福建省生态建设促进会	肖依兴	13860606888
海南省循环经济研究会	罗浩夫	18289541956
海南省沼气协会	高天键	13368903808
福建绿洲生化有限公司	吴少全	15260616479
	陈其发	15859648584
国肥(北京)农业科技有限公司	袁国明	13586099988
广州友生农业科技有限公司	潘翠玲	13902328889
福州北环环保技术开发有限公司	张　冲	13905916273
中集能源生物科技有限公司	张　军	13370887058
江西春隆现代农业服务有限公司	黎兵春	13879828165
汉元生物科技有限公司	别心宇	18588498803

广西桉盛丰肥业有限公司	张贤蓁	18897588880	
安溪县香之纯合作社	汪海棠	13505039537	
贵州华以农业科技有限公司	郭 磊	13601271527	
汤阴县玉祥新能源科技有限公司	韩玉祥	18240609888	
四川佑民生物科技有限公司	黄克波	13989166668	
山东百德生物科技有限公司	季维峰	13869621015	
北京嘉博文生物科技有限公司	于家伊	13910066866	
福建省农科农业发展有限公司	戴文霄	13959193266	
海南正源盛能源环保工程有限公司	吴凤锐	13322031948	
贵州耕泽农业科技有限公司	高天健	13368903808	
海南澄迈三康生物科技有限公司	郑启恩	13807554082	
厦门市江平生物基质技术股份有限公司	夏江平	13806081195	